U0004753

台灣好野菜
二十四節氣田邊食
台灣獨特
迷人的野菜
[taiwan foods]
-vegetable-

晨星出版
Morning Star

跟著節氣過日子。

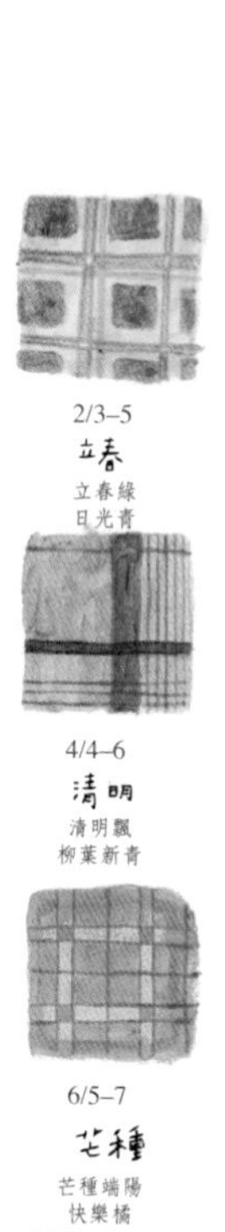

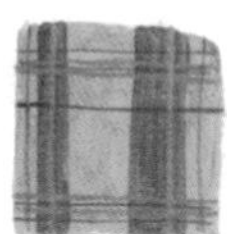

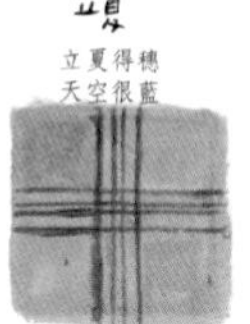

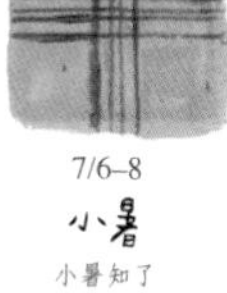
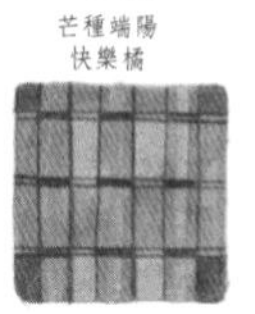

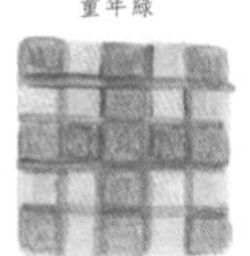

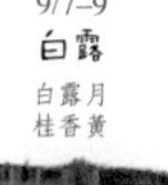

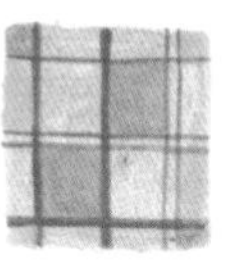

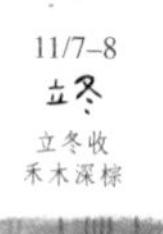
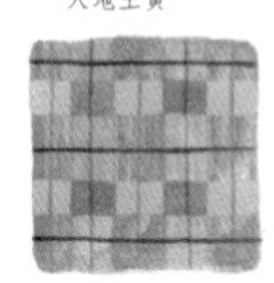

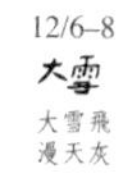

2/3–5
立春
立春綠
日光青

2/18–20
雨水
雨水清
春生碧

3/5–7
驚蟄
驚蟄草
生命綠

3/20–22
春分
春分瓣
幸福粉

4/4–6
清明
清明飄
柳葉新青

4/19–21
穀雨
穀雨豆
愛笑墨綠

5/5–7
立夏
立夏得穗
天空很藍

5/20–22
小滿
小得盈滿
日黃熟

6/5–7
芒種
芒種端陽
快樂橘

6/20–22
夏至
夏至荷
仙女紅

7/6–8
小暑
小暑知了
童年綠

7/22–24
大暑
大暑熱
星光寶藍

8/7–9
立秋
立秋乞巧
靦腆桃

8/22–24
處暑
處暑虎
刀子紅

9/7–9
白露
白露月
桂香黃

9/22–24
秋分
秋分蟹
柿子紅

10/7–8
寒露
寒露涼
大地土黃

10/23–24
霜降
霜降微愁
芒白

11/7–8
立冬
立冬收
禾木深棕

11/21–23
小雪
小雪感恩
微風紫

12/6–8
大雪
大雪飛
漫天灰

12/21–23
冬至
冬至節
團圓正紅

1/5–7
小寒
小寒臘八
雜灰雜紫

1/19–21
大寒
大寒冷
高粱辣金

目次

我們相信飲食的靈魂在風土
我們相信因愛料理是當代的情感印記
我們揣摩不同土地植生的農法、農作、農食、農加工以及食物原味
我們學習有機農業、節氣飲食、祖傳食譜、傳統食品製造法
我們收集土地甜度的故事
我們敬畏風土的縱深與轉化的陳義
我們明白古老的智慧是可敬的靈魂
這是
我們的節氣生活與生命節氣
厚生利用的亞洲式養生
不只是養到理想的歲數
而是
養出對生命的態度

我們是種籽

www. seedsight .com
台中市梅亭街430號 | 04.22085548 | seed.design@msa.hinet.net

我們是種籽。

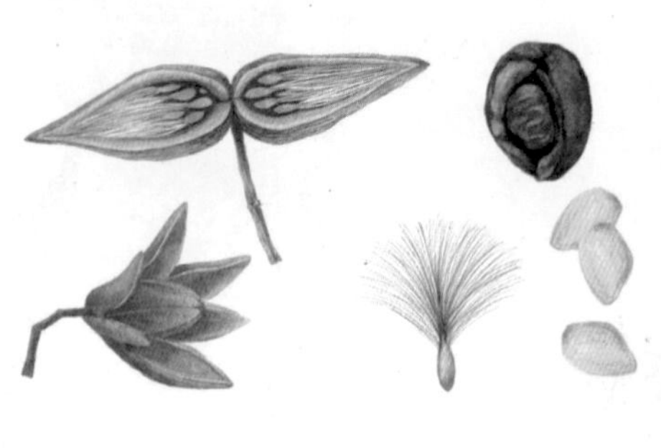

小馬

要感謝的人越來越多了！種籽的男人、女人、小孩、妙滿、小五、依倫、莉淇。妙滿依然用她專業、溫暖又富有創意的想法呈現出野菜的風味；小五則用他的藝術天份，加上文學涵養的呈現讓野菜更具意境；依倫從影像的表達讓我看見野菜的靈巧；莉淇真的是藝術家，野菜簡直栩栩如生。

以及每日清早到郊外的採集生活，都要感謝Jackie的溫馨接送情。

感謝美貌老師寄來部落的野菜，還有在三義採集巧遇了阿蓮，感謝情義相挺。

最重要的是感謝大自然，大地之母給予源源不絕的資源和能量，我愛你。

妙滿

在台灣最大的農業縣長大，在外地求學與工作，做了這本書才一路回想起與他們是如何認識的，端午時曾祖父總在大廳門邊插上的避邪香草束，頂樓的花園是曾祖母枸杞葉茶的產區，盛夏奶奶自製的清涼退火茶，含有令人難忘倒地鈴，母親準備晚餐時餐桌上的瓊花肉絲湯，老爸珍貴的賽鴿食用一整盆的到手香，念書時期租屋處後院長的龍葵加泡麵，家聚時草山上土雞城的熱炒川七，當然還有讓我面對自己的天母古道上的植物，工作後只認得咖啡樹開的小白花和安全島上的園藝植物，接觸料理後，認識更多香草植物，有些台灣有只是使用方式不同，每天晚上和４３０的伙伴們討論著，希望將野菜能多樣的表現，不只是只能放在餐桌上食的表現，也可以是妝點餐桌的一部分，小馬每天早上採集，下午和我們一起料理還要製作草圈圈，從她的魔手每一種草圈圈都是驚艷，每天很期待上山下海的野地市場，將帶回來何種植物，搶時間的想保留住他們的姿態，是否想起何種花草，讓你和那時的妳相遇，生活中有時停一下看看四周，感受一下生命中的美好，感謝所有參與的４２８和４３０的伙伴們，還有南投孩子棋哥的採集和經驗。

小五

小的時候吃菜，吃進的是聽話；大了一點吃菜，吃進的是均衡和健康；在參與台灣好野菜這本書的製作後，才算眞正開始體驗野菜的美妙滋味。

有的野菜細細長長，有的會開出白色黃色或是粉紅小花，訴說著它們的身世和故鄉；有的嘗起來酸甜，可以做成酸辣湯；有的苦中帶甘，適合泡成熱茶，細細品味。每一次都是感官的全新體驗，每一口都是大自然的珍貴恩賜。在在提醒著我們，人終究是無法離開大自然生存的。

感謝所有來到眼前的一切。

莉淇

野菜本質或許稱不上野，我想它們只是樂於低調生活在山野小徑中，所以總是安靜，總是閒適，總是一派輕鬆的隨遇而安。當我透過畫筆認眞注視它們之後，很巧合的，開始在一些自然環境中與它們相遇，毫不陌生的可以喊出名認出模樣，突然覺得，這些我所以爲的巧遇或許都不是巧合，其實它們一直都在，只是我向來選擇忽略。正如《奈良美智》說過的那句話：「所謂看不見就是沒有試著去看見，在看的見與看不見之間，橫跨著某種很重要的事。」謝謝野菜們，讓我重新看見。

野菜的恩典。

【地瓜】

【馬齒莧】

【龍葵】

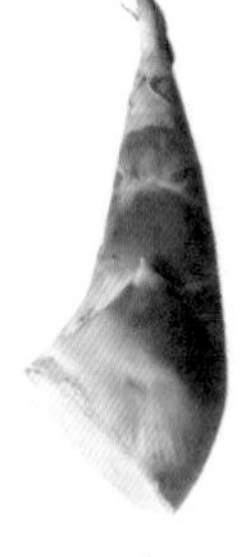
【筍】

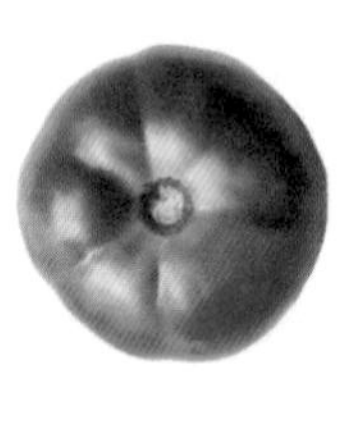
【蕃茄】

台灣獨特
迷人的野菜

[taiwan foods]

-vegetable-

野菜就是個　品牌。
同心同德上行下效。

萬願寺辣椒、聖護院蕪菁、丹波黑大豆、九条大蔥、賀茂茄子、掘井牛蒡、
金時紅蘿蔔、青首大根、丹波松茸、壬生菜

京野菜擁有無與倫比的美麗位階
除卻栽種之人反覆改良、耗費心神栽植
京都政府更是大力宣導、細膩詮釋對野菜的熱愛癡迷

保存千年來京野菜傳統，種植在近郊土壤
京野菜的位階一直被定位於類似珍貴寶物的傳統蔬菜
不啻是京料理中，貴重且慧黠的食材
更是家家戶戶廚桌上的風景

大啖小食京野菜的自然之味
更富含食物智慧與生活美學

山之巔海之涯
原生的根的莖的葉的果的籽
我們想要
虛心的誠摯的找出台灣獨特迷人的野菜對應節氣料理的美妙表現
獻給厚育滋養我們的婆娑之島

台灣好野菜。

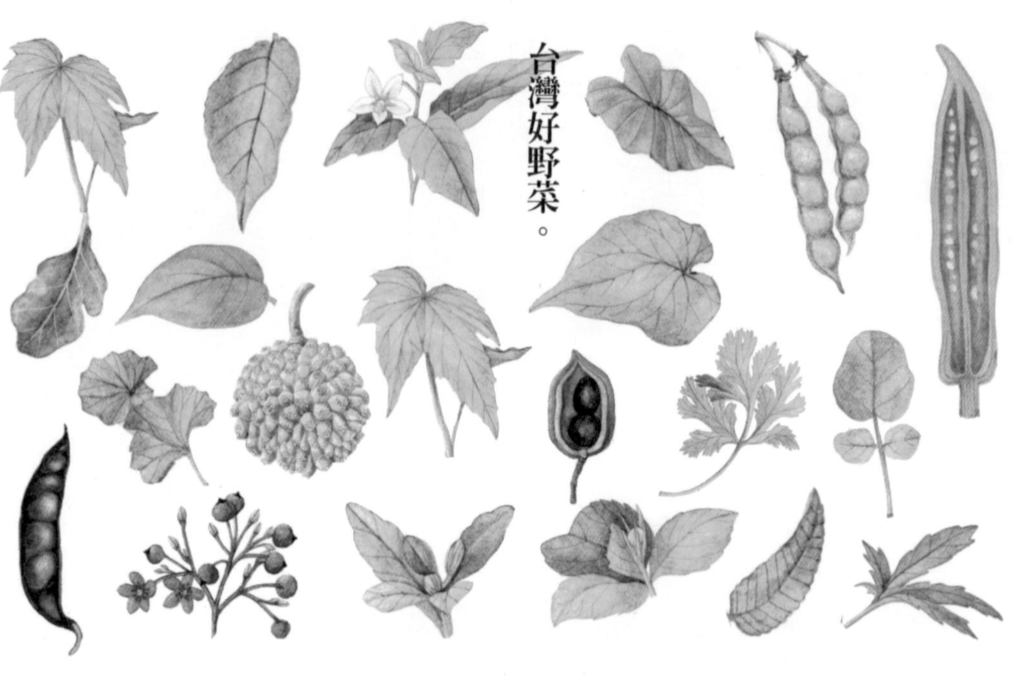

市場攤架弦外之音

我們在台灣土生土長，說多、聽多、也看多了外國的月亮比較圓之後，終於我們開始會反觀自己的「內在美」了，尤其是那從古老就陪人們一直走到現代的事物，雖然時間會改變它的形貌，可能進化、改良；可能推翻、有的面貌模糊、昨是今非……，但我們想用現在進行式來說說我們的過去式。

看看我們餐桌上盤中的菜餚，再一路上溯到生鮮超市、菜市場……甚至是田間的生產者，跟以前比起來起了多少變化，偏偏我們又對昔日所知甚少、感覺距離遙遠，這當中好似隔著一個大鴻溝，跟代溝般一樣的斷層，讓當代拒絕溯源，讓過去的美好卻成今日的老梗。

青草、野菜便是這般境遇。坊間的青草店，那是多少青草文化的結晶，現卻已如鳳毛麟角了，青草茶不敵三步一坊五步一店的外帶手搖茶；昔日信手拈來、俯拾即是的野菜，也難擋三把五十元的工業化農產菜蔬，這讓活在空窗過渡這一代有些焦慮，好像在搶救青春一般的焦慮。

野菜，過去一直都以野生蔬菜，即自生於山野，未經人工栽培的野生可食植物定義；其實更古老，野菜叫「救荒本草」，是荒年時的備援物資；在日本，野菜其實是蔬菜的同義詞。經過了許多揉和，我們希望野菜可以是現代菜蔬中的一支，不必然野生，但有著從野生走入文明的足跡；有一點在野的聲音，反而在衆聲的喧嘩裡，有一響清音；勾起一點過往的記憶，卻又對到現代TONE調。

往超市菜架、菜市場上的菜去想像，莧菜野一點是怎麼一回事；苦瓜山一點又是如何？菜名上加個山啊、野啊，便多了一點樸質無飾、自然無華，以及大自然的渾然天成。

這野菜，不需要你施肥，當然沒有化肥問題；自力抵抗病蟲害，當然沒有農藥，沒有產期調節、沒有品種改良、馴化、沒有基因改造……種種你想也想不透、防不勝防的問題。我們都可以在市場攤架之外，尋找台灣好野菜，樂當好野人。

感覺我們總少了那麼一點點自己
好像老矮了人家一截似的
就是缺一點點自信
經過了好一陣子外國月亮比較圓後
終於，會從自己身上看特色、找優點了
如果還不夠、還找不到
那就再來一個紅藜吧！
讓人心情變得更愉快的植物，不論是看了、聽了、吃了
紅藜陪原住民很久很久了
久到快被現代化稀釋得既淡且薄
看，顏色綠、黃、橙、紅、紫，一直變化著鮮豔與繽紛
　還有戴在頭上、頸上的華麗
聽，蛋白質是米的2倍
　膳食纖維是燕麥的3倍、地瓜的6倍
　鈣是稻米的42倍、燕麥的23倍
　鐵是地瓜的11倍、鋅是地瓜的8倍
吃，常熬進粥裡，釀進小米酒裡添風味
　他們說吃了總讓人心情變得愉快
還沒吃到，我就先高興起來了

【穀類的紅寶石】

紅藜，原住民的傳統作物，近年來才經林務局與學術單位研究正名為「台灣藜」，它與菠菜同為藜科植物，色彩豔麗多變，又有極高營養價值，贏得穀類的紅寶石地位。

1
8

台灣曾有一個民歌年代
既清純又澎湃
有一首野薑花
偶然一天，沈默的你
投影在我的世界裡
一朵朵，野薑花
點綴生命的芬芳
日人發現了它，以人名命名穗花山奈
英文叫它Butterfly Lily，停在莖梢的蝴蝶
滿山遍野
是夏日最清甜的香氣
是孩童在山林裡嬉耍的同伴
是母親信手拈來就成巧婦的素材
葉，單純不過的圓披針平行脈
花，單純不過的白
莖，單純不過的挺直
如此單純，才會如此雋永

【停佇的蝴蝶】

野薑花，為薑科蝴蝶薑屬，故又名薑蘭、蝴蝶薑，學名穗花山奈。除在野外可見外，已引進庭園種植，近來野薑花裹粽、薑花裹粉酥炸是常見的料理。

台灣人很可愛
彷彿遠古造字的邏輯
樹皮光滑的叫猴不爬
枝幹長刺的叫鳥不踏
食茱萸、紅刺蔥、鳥不踏
都是同一棵樹，你愛怎麼稱呼都行
文言的食茱萸，像是身分證上登記的名字
鳥不踏，就是綽號了，大家朗朗上口
雖然長滿了刺
但仍阻擋不了人們對它的偏愛
嫩葉入菜、莖葉煎藥、嚼根解齒痛
台灣這麼多的小稀奇
應該可以匯成一股大神奇了

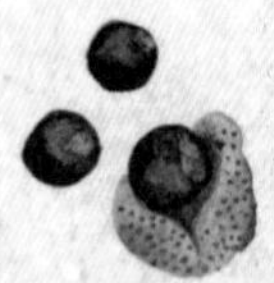

【一樹蝴蝶】

食茱萸，芸香科落葉喬木，獨特的香氣，常用為香辛調味，自古以來與花椒、薑並列為「三香」。紅刺蔥因枝幹皆刺而「鳥不踏」，卻是許多鳳蝶的食草，春季開花時又是蝴蝶蜜蜂的蜜源，而有蝴蝶樹的景觀。

馬告。

台灣獨特
迷人的野菜
[taiwan foods]
-vegetable-

馬告是泰雅族語的發音
就是山胡椒
原住民拿它的葉入菜，取其果當胡椒
大自然真是奧妙
說它是胡椒，卻是樟科的植物
味道有薑與胡椒的比例調合
又名豆豉薑，可見薑中又帶豆豉味
不只這樣，還有檸檬香茅、樟香味
比起胡椒、比起薑
馬告的風格強烈太多
又比花椒的麻辣收斂
讓馬告所以成為馬告
原住民幸運地近水樓台先得月
有了它
有些調味香料
會被你晾在一邊了

【胡椒加野味】

馬告學名山蒼樹，樟科木薑子屬落葉喬木，又名豆豉薑、木薑子、山胡椒、山雞椒，主要分佈中國華南至華東、華中、台灣山地，以及東南亞地區。在台灣泰雅原住民稱之為馬告(Maqaw)，葉、果都用以料理調味。

我的名間老家
田裡兩大作物——鳳梨、荔枝
其他沒別的
但是有兩叢植物一直被保留著
一是澤蘭，另一個就是狗尾仔
狗尾還沒成為名間特產前
都在民家田間一隅、屋旁空地長著
沒有刻意栽種，自己長的
每個人都認得它，不會被歸為野草拔掉
後來狗尾開始有人整園栽種了
一畝畝的粉紫狗尾小花海
讓鄉間有點小浪漫
小時候媽媽用它燉湯
餵補這乾瘦的小孩
如今我也燉一盅
請兒喝一口我的童年

【通天的本領】

狗尾草又名通天草、貓仔尾等，豆科兔尾草屬，性溫味甘主治小兒食慾不振、發育不良，在南投縣名間鄉八卦山脈普遍種植，取其根曬乾洗淨截段燉雞或排骨，是勝過藥補的食補。

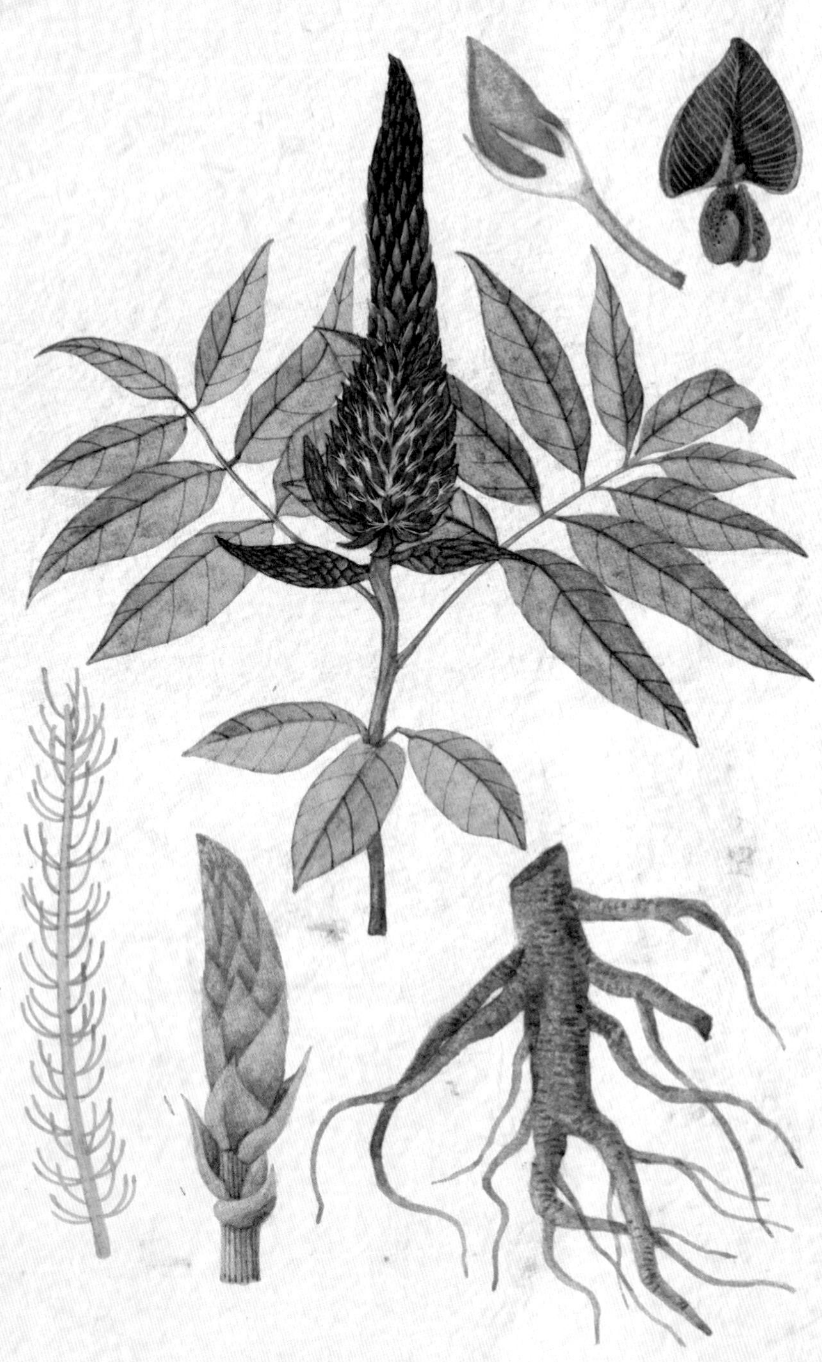

茴香仔菜
細細密密的葉好新好綠
帶著獨有的香氣
幾十塊錢，便有兩手掌握的一大把
太便宜了我們的口腹
也便宜了農人的辛苦
我要更看重它
平衡一下這當中的不平衡
國民級的菜價
但國民對它可是愛恨分明
這特有的茴香氣味
愛之大動食指，恨之退避三舍
清炒可、煎蛋佳
麻油茴香蛋酒是不脛而走的俗成
比穀粒更細的種籽是小茴香
總在肉料理中灑上一撮
去腥而回香，感受溫甘辛
野菜
貴在生活點滴中，給了太多人美好記憶

【唇齒回香】

茴香，繖形科茴香屬植物，原產自地中海沿岸是當地香草植物，後才引進台灣種植，又名香絲菜、蘹香、小茴香……，葉與籽都能作為調味香料，葉也可以獨自料理成茴香煎蛋、茴香蛋酒等經典料理。

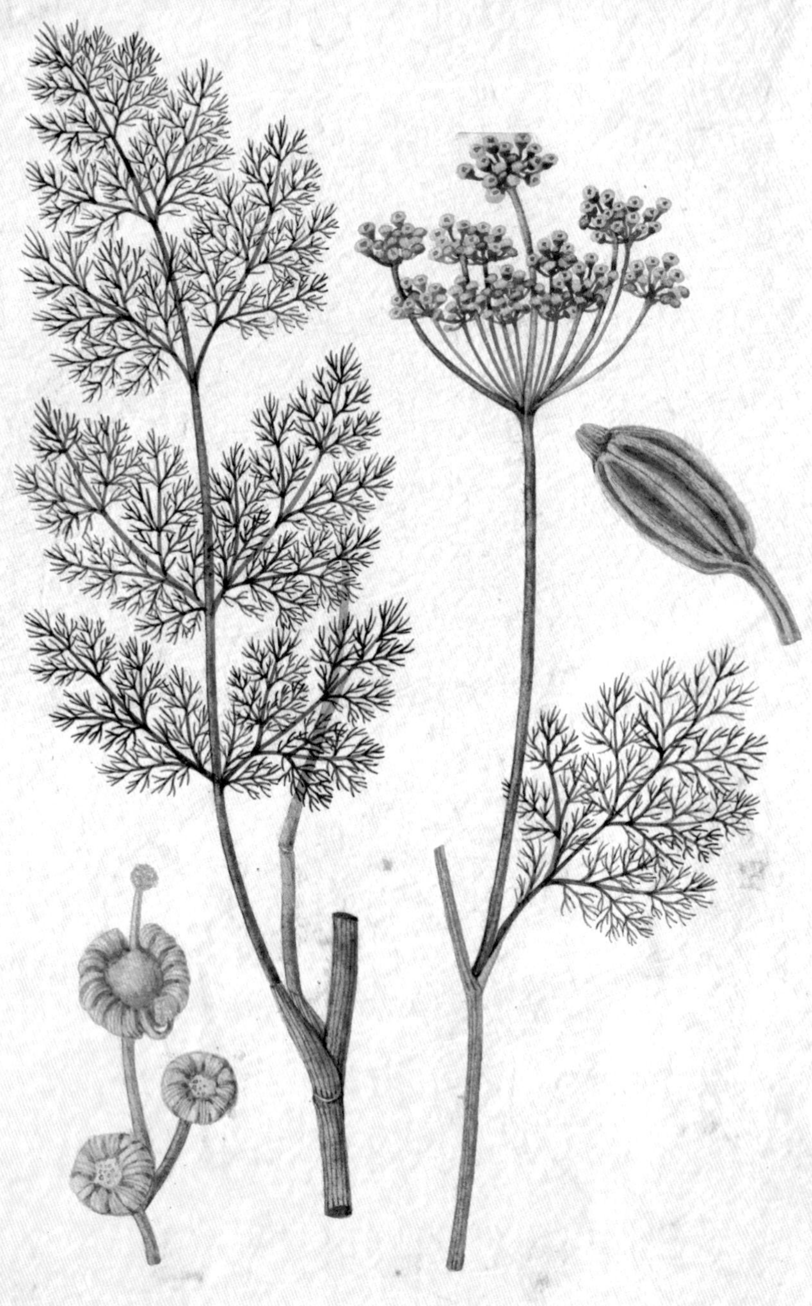

麻芛是台中地區才吃得到的料理
不管是「薏」或「芛」字
其實就是台語嫩芽之意
也就是黃麻的嫩芽
這黃麻原是取其皮製繩之用
塑化工業強勢得讓麻繩走下舞台
還好還有這種吃法還在
這吃法不知是誰發明的
明明很麻煩，又要撕葉、挑梗、搓洗去苦澀
一定加有地瓜與魩仔魚
還要冷著喝
可能是夏日消暑降火的利基
讓這麼費工的料理
總在炎炎夏日
出現在市場裡、百姓民家裡

【台中的味道】

麻芛是黃麻的嫩芽之意，黃麻又名苦麻、水麻、洋麻，錦葵科黃麻屬植物，是廣泛的纖維作物，種植量僅次於棉花，中部地區將圓果黃麻改良品種，取其嫩葉去除苦汁，還要加地瓜與魩仔魚煮湯，成為獨有的台中味。

山野原生
民間喜慶的食物伴侶

葉子，可包粽子或襯墊新蒸好的青粿
種籽，日本人使用製造仁丹健胃劑的原料藥材
葉鞘，莖狀，曬乾後編製成草蓆或繩索

古早時候
會蜜漬月桃花偽裝龍眼乾，就像以前的鳳梨酥裡面包著冬瓜餡

【你摘花來我用葉】

月桃為薑科月桃屬多年生大型草本植物，又名豔山薑、玉桃、良姜、虎子花等，在台灣相當普遍，全島低海拔山區四處可見，葉片呈長披針形，花成串地懸掛下垂的花序，球形果實，表面有許多縱稜，由鮮綠轉橙紅，討人歡喜。

構樹樹果。

台灣獨特
迷人的野菜
[taiwan foods]
-vegetable-

無暇灑掃庭園、懶得掃落葉
加上風水諸多途說
現在人好像不太怎麼喜歡樹
尤其長在屋子旁、院子裡的樹
儘管
樹有多特別、形有多優美
經濟多價值、故事有多多
每一棵都有命運未卜的危機感
構樹
先驅樹種，在環境還艱困惡劣時就先來拓荒了
雌雄異株，樹還分公的、母的
鹿仔樹，即使現在已經看不到鹿了
紙樹，人工手造紙怎敵得過工業
幸好，構樹也不太理睬你的冷眼
逕自找一塊沒被水泥封住的土地長著
有個小孩摘它一葉貼在衣服上
有人仰望它的濃蔭
有人還摘一球聚合果，嚐著甜蜜
已經足夠

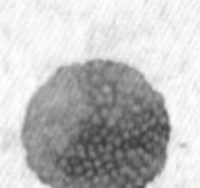

【不栽自長的樹】

桑科構樹屬中喬木，台灣海拔一千公尺以下分布極廣，又名穀漿樹、穀桃、楮實子、楮樹、構木、奶樹、噹噹樹、紙木、鈔票樹、鹿仔樹，中國古典籍中也常有提及，但名字不一，有斑穀、楮、楮桃樹、楮桑、醬黃皆指構樹。

即使只是童年的點滴
但總會與鼠麴草每年相遇
不管今年離兒時更遠了
菜市場裡也沒賣
因為幾乎有土地就有它
在每年的春天
即便是牆角塵土堆積處
到處都有鼠麴報春
只要你肯好好彎下身
信手便採得滿滿的回憶
已經老大不小的查甫人了
突然問起母親鼠麴怎麼料理
她鉅細靡遺，好生高興
所以不要等閒孩子的童年
這媽媽味
會沁進孩子的一生裡

【俯拾皆美味】

當春季一來，草木漫發，鼠麴草多得可以舖蓋每一片裸土，菊科一年生或二年生植物，莖幹密生白毛，民間總取其開花前的嫩莖芽，做成鼠麴草粿，正好應清明祭祖，又得名清明草。

山苦瓜

我家的陽台、院子不大
種不出什麼規模來的
但求一個迷你的
可以微觀的小瓜棚
那就山苦瓜

鵝仔菜

鵝仔菜又叫咩仔菜
將它想像成
就是A菜的野生版

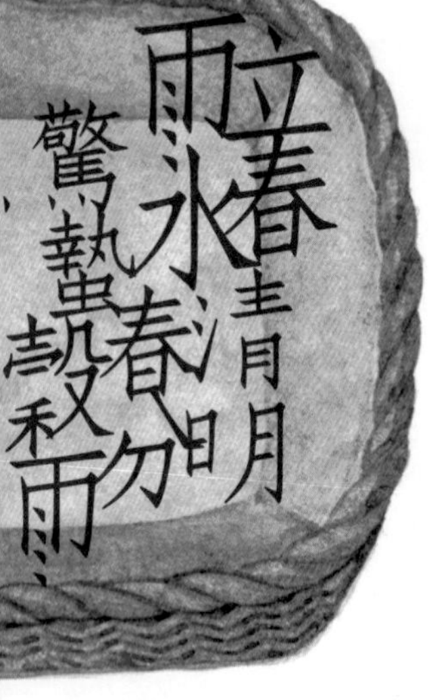

山蘇

我愛鳥
所以很會找鳥窩
總在枝椏分岔處、樹葉濃密處
唯獨這山蘇
老是魚目混珠，讓人誤判有個窩
山蘇於是別稱鳥巢蕨
寄在樹幹上
伸出葉來攔積落葉，腐植成為養分
青嫩的、芽尖還捲著的山野菜
漸漸普及成家常了

龍鬚菜

蔓性的瓜藤
都靠這捲鬚攀緣而上
唯獨這佛手瓜芽被相中
雅號龍鬚
炒進盤子裡

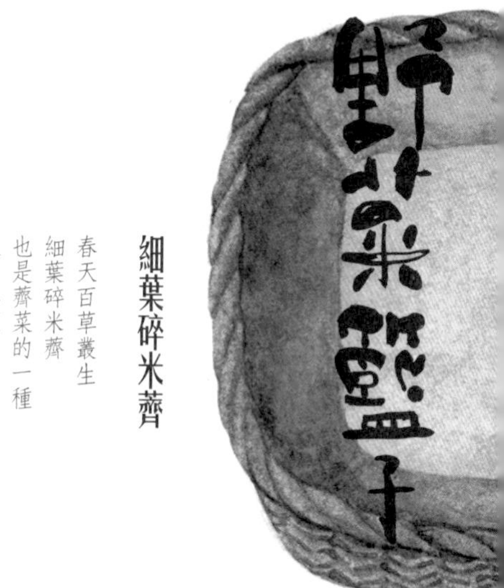

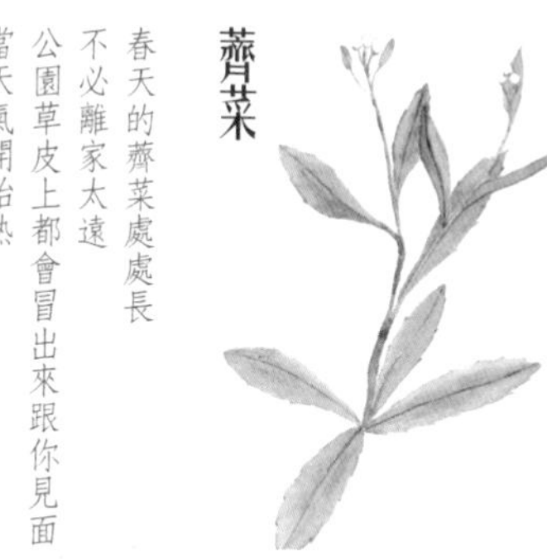

薺菜

春天的薺菜處處長
不必離家太遠
公園草皮上都會冒出來跟你見面
當天氣開始熱
夏天一到
它們全不見了

細葉碎米薺

春天百草叢生
細葉碎米薺
也是薺菜的一種
又叫焊菜

山素英

山素英
素素淨淨地
開出白花、結著亮黑小果
即便蔓成一片
也不覺荒穢

紫背草

只要肯低頭尋找
一定看得到紫背草
又名葉下紅
只有在荒年救命
現在當然在野

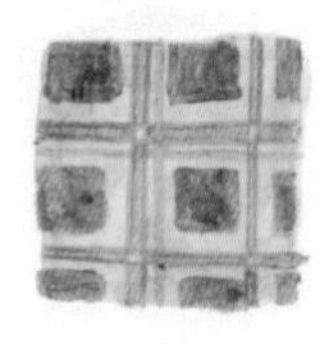

立春

立春綠　日光青

2/3~5

春韭

「大箍呆，炒韭菜；燒燒一碗來，冷冷阮勿愛」
菜百百種，怎麼獨挑韭菜？
跟陽光空氣水一樣
一樣稀鬆平常，一樣不可或缺
沒有韭菜
蚵嗲怎麼辦？
水餃怎麼辦？
豆芽菜怎麼辦？

春韭之約

【材料】

春韭　1把
蛋　2顆
豆芽　100公克
櫻花蝦　2湯匙
潤餅皮　1張

【作法】

① 蛋煎成蛋皮備用。
② 利用煎完蛋皮的餘油將櫻花蝦煸香。
③ 將韭菜與豆芽以高湯汆燙後瀝乾，並將所有材料置於潤餅皮之1/3處，捲成條狀，就可以切塊或是直接食用。

40

立春

立春綠　日光青

2/3~5

春菊

不斷的所謂馴化、改良
要馴的是什麼？
要改的是什麼？
因為它長得不夠大、不夠快、不夠多……吧
我們離它的身世越來越遠了
當遇到它還在山野裡堅韌活著的遠親
原來這味道更真實
為什麼要馴、要改？

苡米春菊

【材料】

春菊	1把
薏仁／苡米	100公克
冰糖	1／2茶匙
香草鹽	1／2茶匙
玫瑰花瓣	適量

【作法】

① 將春菊洗淨，氽燙後過冰水並瀝乾水份，切碎備用。

② 薏仁蒸熟，先取一半置入食物處理機內，與冰糖、香草鹽一起攪拌成泥，再加入剩餘的一半混合均勻。

③ 加入切碎的春菊後取出適量大小，以保鮮膜塑成圓球狀，食用前再以玫瑰花瓣點綴即可。

立春綠　日光青

2/3~5

立春

青草圈子・白三葉草

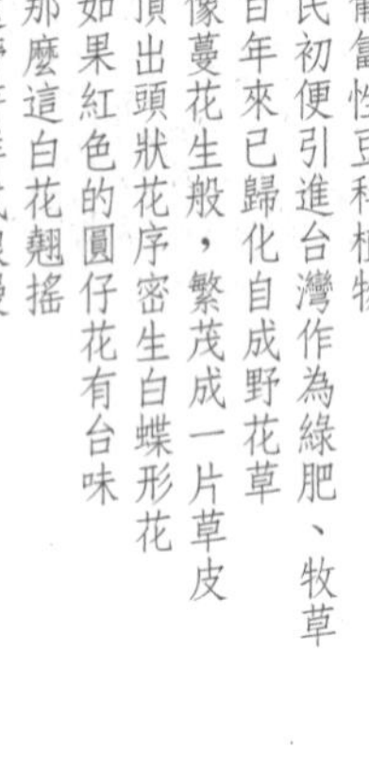

匍匐性豆科植物
民初便引進台灣作為綠肥、牧草
百年來已歸化自成野花草
像蔓花生般，繁茂成一片草皮
頂出頭狀花序密生白蝶形花
如果紅色的圓仔花有台味
那麼這白花翹搖
還帶著洋式浪漫

雨水

雨水清　春生碧

2/18~20

野甘草【甜珠草】

小時候外婆的檳榔攤裡
唯一找得到可以解饞的東西
那就是含一小片就滿口生津的甘草
甘草，讓想像的甘，落實在味覺裡
台灣不產甘草，只中藥行、青草店裡有
雖從沒見過植株，常民卻也用它千百年了
放眼厝邊野地，野甘草卻不少
葉是甜的，柄端長著小珠苞果
甜珠草、節節珠、假甘草、土甘草、冰糖草……因義便生名了
總被煮成青草茶
總覺得小看了它

石板甜珠草烤肉

[材料]

甜珠草	1株
松阪豬	3片
香草鹽	適量
玄武岩或鵝卵石	3顆

[作法]

① 將可耐高溫的石頭洗淨後拭乾，放入烤箱中，設定200度烘烤20分鐘。

② 小心移出高溫石頭，趁熱放上松阪豬肉片，佐以甜株草搭配，灑點香草鹽食用。

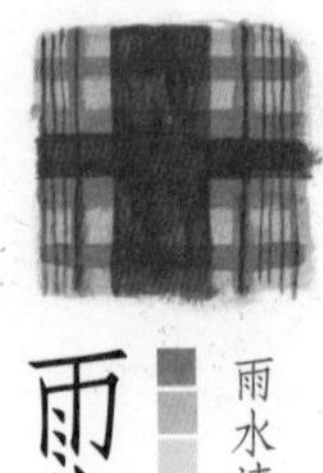

雨水

雨水清　春生碧

2/18~20

昭和草

一小塊空地，只要稍加閒置著
昭和草總會先來報到
野茼蒿，比茼蒿更野味
神仙菜，全株皆可食，花序也能吃
除之不盡的惱人雜草
抑或
取之不竭的田間野菜
只在一念之差

昭和草紅燒豆腐

[材料]

昭和草 2株

油豆腐 4塊

袖珍菇 2把

薑 1截

[作法]

① 取一只碗，將油豆腐、昭和草、袖珍菇各一份放入搗碎；其餘油豆腐中心挖出約拇指大小內餡，一起拌勻後，將餡料填回油豆腐。

② 取一只平底煎鍋，先爆香薑片，放入油豆腐煎至恰恰焦香後盛出，佐以新鮮昭和草葉一起食用。

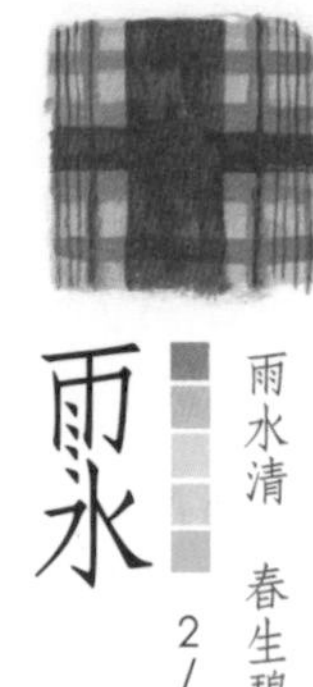

雨水

雨水清　春生碧

2/18~20

青草圈子・苦蘵

苦蘵的名字難懂
用燈籠草、燈籠果、炮仔草、博仔草傳神許多
宿存花萼包覆著漿果
當果子熟時
萼片黃了，枝上的燈籠全點亮了
派對要開始了

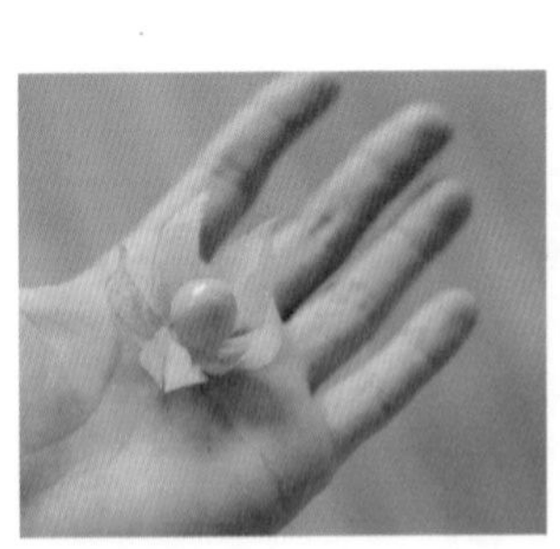

八、驚蟄

驚蟄草

生命綠

3/5~7

過貓

這種過溝菜蕨
有水的山間便盤根錯節
生命力旺盛如九命貓吧
於焉人稱過山貓
輕易從溝澗的此岸蔓過彼岸去
芽尖還彎蜷著的嫩芽
你摘我長
取之不竭的野菜

過貓菜蕨一點紅

[材料]

過貓 1把

黑柿蕃茄 1顆

杏仁果乾 10顆

[醬汁]

蔬菜油 100毫升

醬油膏 1/4茶匙

蛋黃 1顆

柚子果醬 1湯匙

白芝麻 1茶匙

白芝麻油 10毫升

檸檬汁 適量

[作法]

① 過貓洗淨後，摘除老葉留下嫩芽，汆燙過冰水。

② 將蕃茄切半去囊，切細丁。

③ 乾燥杏仁帶皮泡水，浸泡至少2~3小時，待杏仁吸飽水份後去除外膜。

④ 將蔬菜油、醬油膏、蛋黃、柚子果醬、白芝麻、白芝麻油、檸檬汁置入食物調理機內攪拌成醬汁備用。

⑤ 過貓與蕃茄、杏仁攪拌均勻，食用前淋上醬汁即可。

八、驚蟄

驚蟄草　生命綠

3/5~7

野蓮

水生植物頗奧妙
分沈水、浮水與挺水三型
布袋蓮，全株都浮在水上
荷花，根著於水底泥土中，葉有浮水、挺水
這野蓮
原來是水生植物龍骨瓣莕菜
浮水葉、根著土
水深了，葉柄便長得細細長長
美濃人找到這長長綠線索
料理出客家野菜特色
讓野蓮從在野逐漸在朝了

野蓮筍湯

[材料]

野蓮 1把
五花肉 200公克
筍干 100公克
蒜 2瓣
辣椒 1根
米酒 適量
高湯 適量

[作法]

① 野蓮汆燙過冰水，瀝乾後切成約7公分長段。
② 五花肉燙熟後，切成薄片。
③ 筍干泡水、洗淨多餘鹽份後瀝乾水份，取野蓮一小撮，五花肉一片、筍干些許，以野蓮捆綁成束。
④ 起一油鍋，將蒜片、辣椒爆香，加入高湯熬煮，滾後加入野蓮肉束，熄火，最後淋上米酒即可。

驚蟄草　生命綠

3/5~7

驚蟄

青草圈子・桑葚

那個年代
沒有一個孩童不養蠶的
要餵飽蠶寶寶
便得四處採桑葉
院落裡的、野地上的
早期台灣還有蠶桑產業時
桑田還算普遍
如今只有零星栽種採桑果
野地裡的桑
自顧自地依時開著花結著果
管它人世間的滄海桑田

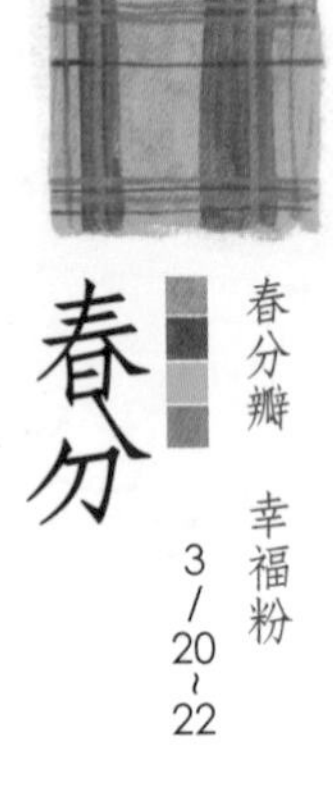

春分

春分瓣　幸福粉

3/20~22

香椿

一道皮蛋豆腐
豆腐與皮蛋中間，總有個媒人婆
一直都是柴魚刨薄片
稱職得沒話說
某年某月的某一天
不知怎的，柴魚開了天窗
趕緊找人頂一頂
香椿趕鴨子上了架
生綠的樹葉怎能代打燻乾的魚片？！
就是這麼妙
從此皮蛋豆腐有了兩個媒婆
要海味那就柴魚
要山珍這就香椿了

香椿春蔬

[材料]

豆腐　1塊

鵪鶉皮蛋　1顆

香椿　100公克

橄欖油　200毫升

薑　1截

[作法]

① 香椿葉梗取出，與薑、橄欖油置入食物調理機內攪拌成醬汁，加入鹽後即可裝罐備用。

② 將香椿醬置於豆腐與鵪鶉皮蛋上即可食用，另外也可運用在拌麵、飯、蔬菜，由於香椿容易氧化變黑，因此建議可以放入冷凍保存。

春分

春分瓣　幸福粉

3/20~22

雷公根

雷公根
人說是雷響後會加速生長
倒認為，匍匐著地生根的蔓延條理像閃電
保健植物榜裡赫赫有名
吃它、用它
幾乎全衝著它的療效而來
今天暫先把這林林總總先擱一邊
只單純取其味
做一道可口的菜如何？

雷公根優格醬

[材料]

雷公根	1/3杯	椰奶	40公克
芥末籽	1/4茶匙	優格	40公克
茴香籽	1/4茶匙	蒜	1瓣
糯米椒	2條	鹽	適量

[作法]

① 雷公根洗淨後擦乾備用，將芥末籽、茴香籽搗成粉末狀。
② 熱油鍋，將粉末炒香，接著放進蒜末、糯米椒末拌炒。
③ 優格和椰奶混合成醬，和粉末一起攪拌均勻，最後加入切碎的雷公根，加鹽調味。

春分

春分瓣　幸福粉

3/20~22

青草圈子・海埔姜

對於濱海植物
會有一種莫名的崇敬
海風呼呼颳起浪、吹著沙，到處鹽巴巴
還有那個毒太陽
儘管如此惡地
它卻還是不減綠意，繁盛自開花
海埔姜另名蔓荊
就愛長在海埔地，開著紫藍花的匍匐性灌木
太陽煎熬、鹽份高
葉、果反是泡來消暑的涼茶

清明

清明飄　柳葉新青

4/4~6

山芹菜

不要一直待在舒適圈
偶爾也要冒冒險
不然也要吃吃苦
來點可能不安全
文明裡，就連物產也是一再淬鍊
稜稜角角早都修了邊
所以有人開始提點「放自然一點」
拿一把芹菜
拿一把山芹菜
擺在一塊兒
就可以比評出來
誰比較自然一點

冰花山芹鍋貼

[材料]

山芹菜	2把	薑	1截
杏鮑菇	2根	鹽	適量
水餃皮	1包	白芝麻油	適量
蛋	4顆	麵糊水	適量
豆腐	4塊		

[作法]

① 山芹菜洗淨去蒂頭，汆燙後冰鎮並瀝乾水份，切成細末，杏鮑菇撕成細絲、薑切成細末備用。

② 蛋打散後煎成細碎蛋絲引出乾香。

③ 將豆腐煎得金黃上色，再利用豆腐的黏性，將上述所有材料混和攪拌均勻，加入鹽、白芝麻油調味。

④ 起一鍋冷油，先不開火，將鍋貼底部一一沾油後排成圓形放射狀，加入適量麵糊水，蓋蓋子開中小火煎，待鍋裡聲音由水煎的剝剝聲轉變成乾煎的滋滋聲即可起鍋。

清明

清明飄　柳葉新青

4/4~6

野生小蕃茄

野生，是一種令人嚮往的本能
歷經多少逆境洗禮所淬鍊而來
自食其力，順著自然就生生不息
自栽一棵蕃茄
要搭棚架、要摘芽；要整枝、供肥、水、還要防治病蟲害
野生小蕃茄全免了這些俗套
依舊結實纍纍
分給你吃、分給鳥吃，最原始的蕃茄味
人們不愛它的果子，倒愛它的勇健身子
用作砧木嫁接其他嬌貴討喜品種
功勞也罷苦勞也罷
我們再嚐嚐這堅毅的滋味吧

野生蕃茄沙拉

[材料]

野生小蕃茄	10顆
白豆干	2片
九層塔	1把
馬札瑞拉起司	30公克
橄欖油	適量

[作法]

① 白豆干切成小丁，煎成恰恰；野生小蕃茄、九層塔洗淨後擦乾，九層塔取下葉子備用。

② 取一只沙拉碗，放入小蕃茄、九層塔葉、豆干丁，起司刨成細絲，再淋上適量橄欖油即可。

清明飄　柳葉新青

清明

4/4~6

青草圈子・五香藤

怎麼五香與雞屎同放在一植物上
五香藤是名
實則臭藤、雞屎藤、狗屁藤都來了
搓揉其葉確有難聞氣味
耐旱、蔓性強，鄉間常見
小時用它煮過草茶
雞屎藤煎蛋也是一絕
如今偶遇還會細細端詳
心思早飄到從前了

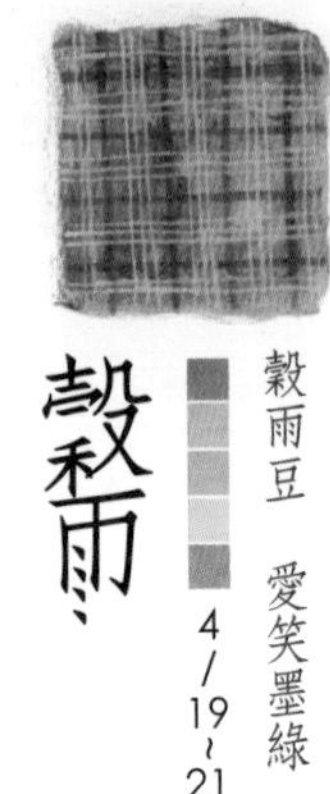

穀雨

穀雨豆　愛笑墨綠

4/19~21

馬齒莧

如果野菜只在過往的日子裡
只在童年的記憶中
當往日越來越遠、童年不再
野菜將成了過去式
接不起現在，更遑説未來
豬母奶、王寶釧的故事不正精彩
人家是吃飯配話
我們吃菜配故事
野菜豈不更津津有味

馬齒莧裸食

[材料]

馬齒莧	3把	豆豉	2湯匙
聖女小蕃茄	1斤	美乃滋	適量
破布子	70公克	橄欖油	適量
月桂葉	2片	薑	1截
飛魚乾	1尾	蒜	3瓣

[作法]

① 將飛魚乾肉撕成細絲，起一油鍋將薑蒜爆香，將飛魚肉加入拌炒，最後加進豆豉拌勻。

② 小蕃茄洗淨後，去蒂對切曬乾或以烤箱烘乾，讓甜度香氣保存起來；破布子水份瀝乾，和小蕃茄、蒜、月桂葉一起裝入密封罐，加入橄欖油封存。

③ 馬齒莧洗淨後，瀝乾水份，搭配醬一起食用。

穀雨

穀雨豆　愛笑墨綠

4/19~21

魚腥草

許多植物帶有特殊的香氣
當然植物中也有逐臭之夫
魚腥草即是個中的佼佼者
喜歡在水岸溝邊成群結隊熱鬧長著
明明是植物，卻帶濃烈魚腥味
這一定讓人敬謝不敏了
不，它還很受歡迎
魚腥草茶最為廣泛
人們愛它，多因著療效而來
放心，魚腥味遇熱便消失了

魚腥草冰茶

【材料】

魚腥草　300公克
薄荷　300公克
甘草　300公克

【作法】

① 先將所有香草曬成乾燥狀態，放進食物調理機打成粉末狀。
② 取適量香草粉末，以濾巾包覆綁定，注入適量熱水即可飲用。

穀雨豆　愛笑墨綠

4/19~21

穀雨

青草圈子・蔦蘿

說蔦蘿，可能不太認得
大家都叫它新娘花
細細繁複的羽狀複葉蔓成一整牆
綴上鮮紅的星狀小花
妝點喜氣增添浪漫，新娘花當之無愧
一點點含蓄、一點點傳統
囍紅多一點，但也不要鋪天蓋地
像台灣的婚姻
總要合於傳統禮教
幸福、浪漫也要稍稍收斂些
台灣人的新娘花

酒漬狗尾草

常民裡
長存著一派浸泡文化
活物、植物都往酒裡泡
用時間將味沁進酒汁裡
狗尾漬進米酒裡
時間彷彿停住了
鮮香一直都在
當煮好一盅狗尾雞
再滴上幾滴狗尾酒
有燉過的醇厚有未熟的鮮香

[材料]

狗尾草 1斤
米酒 3公升

[作法]

① 狗尾草洗淨後，徹底擦乾水份，先以刀面將莖幹拍斷，狗尾草成份才能完全釋放。
② 取一只可密封的大缸，先放入狗尾草，再倒入米酒，視缸的大小調整份量，狗尾草能完全浸泡即可。
③ 放置陰涼處保存三個月，即可開缸取用。

黃荊

葉是燻蚊香
果實是中藥牡荊子
花有難得埔姜蜜
負荊請罪之荊就是這黃荊
枝幹還是耐燒薪柴
全身都獻給人了

野薑花

夏日的野薑花正繁茂
只消一朵白蝶
飛進杯水裡
白開水依然清澈
喝水多了花香

瓜花

瓜棚下有涼蔭
瓜棚上朵朵黃花撐天
絲瓜、南瓜皆可
當個吃花的民族

冇骨消

夏季一到
野地最熱鬧
冇骨消攤開一大片小白花
生意正忙
嫩莖葉可以吃
果實呢，得再等一等

野菜籃子

麻芛

麻芛只有中部人最愛
夏天一到
麻芛不難喝到
一定加地瓜、魩仔魚
冷喝也好喝

懸鉤子

鄉間都稱它「刺波」
全株長細刺的野草莓
平地、高山都有懸鉤子
你得跟早起的鳥兒搶著吃

蔓荊

台灣沒有原生薰衣草
但同樣有著紫色浪漫的植物不少
海埔姜的蔓荊
是自己的紫色浪漫

馬告

有著檸檬香茅味的胡椒
有香有辣有個性
好想上山採
不然就向原民朋友討一些

78

、立夏

立夏得穗　天空很藍

5/5~7

土肉桂

把「土」先拿掉，說說肉桂
好是古老的傳統香料，原產於中國
西元前二、三千年老祖宗就發現了它
取其樹皮乾燥後使用，在印度開啓了香料國度
傳到歐洲，馬上在燉肉、烘焙裡善緣廣結
標準卡布其諾，定要灑上肉桂粉
從東方傳到西方一路滲進人類文明裡
再把「土」加進來，台灣土肉桂
雖有名假肉桂，許是肉桂大名鼎鼎下的謙稱
但此假早已弄假成真，真真實實的台灣原生種
用葉來與樹皮匹敵
在台灣，真有以假亂真的肉桂
印尼肉桂又稱陰香，極難辨識
強勢得林務單位早已發出警訊
原來，在世界上有肉桂與假肉桂之議
本島內土肉桂也有真假之爭
身居台灣，自己也種了一株土肉桂
你呢？可不要誤種了陰香

土肉桂香料烤雞

[材料]

土肉桂	3片
去骨雞腿	1隻
洋蔥	1顆
蒜	1球
胡椒	適量
鹽	適量

[作法]

① 將去骨雞腿洗淨之後擦乾水份，加入些許鹽、胡椒醃十分鐘。

② 將雞皮表面擦乾後朝下煎，至表面上色後取出備用。

③ 取一可進烤箱的鍋子，放進雞腿肉，加入洋蔥、大蒜和土肉桂，以200度烘烤30分鐘即可。

、立夏

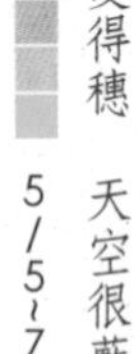

立夏得穗　天空很藍

5/5~7

澎湖絲瓜

相較於台灣看慣了的絲瓜
這從澎湖來的稜角絲瓜
多了稜角的，約定成俗的叫澎湖菜瓜
還放進俚語裡說嘴
六月芥菜是「假有心」
澎湖菜瓜是「雜唸（稜）」
炒後不褐變，冰鎮鮮食脆甜
澎湖絲瓜
讓絲瓜在小小島國裡仍有不斷新意

嫩絲瓜遇老油條

[材料]

澎湖絲瓜	1根
老油條	1根
櫻花蝦	1湯匙
野薑花	5瓣
蒜	2瓣

[作法]

① 準備：絲瓜削皮後切圓塊；老油條也切成同樣寬度大小；蒜切片、野薑花瓣洗淨後以清水浸泡。

② 將蒜片爆香後，加入櫻花蝦、絲瓜一起拌炒，淋些許米酒、鹽調味，待絲瓜熟透放進野薑花瓣，稍微拌燙即可盛裝。

③ 絲瓜置於老油條上即可熱食。

立夏得穗　天空很藍

5/5~7

、立夏

青草圈子・扛板歸

總是打著赤腳在野地奔跑的村童
最怕一不留神踩進這三角鹽酸仔群
莖葉的逆刺，像沙灘上的反登陸樁、野地裡的地雷
綽號蛇倒退、蛇不過可見一斑
提醒小孩，一定得認得它
不只有苦頭嘗，還有甜頭
藍紫色小果甜甜的、葉子酸酸的
英文名字很有趣Mile-a-minute Weed
東方搖籃曲是一暝大一寸
扛板歸這野草是一分鐘長一哩
你嘗過嗎？

小滿

小得盈滿　日黃熟

5/20~22

南瓜花

一般家庭料理，少有油炸
因為炸後的一鍋油，一時難以去化
開鍋起炸，定是逢年過節辦桌宴賓客
炸魚、炸蝦、炸年糕
芋頭、地瓜、菜頭粿
麵糊還有
趕緊到後院瓜棚上
採些絲瓜花繼續下油鍋
絲瓜花只取公花
母花要留著長菜瓜
遊子離鄉後
就沒再吃過絲瓜花了

南瓜花鑲蝦鬆

[材料]

南瓜花	3朵	馬札瑞拉起司	1湯匙
白蝦	3隻	瑞可達起司	1湯匙
絞肉	30公克	鹽	適量

[作法]

① 南瓜花洗淨後擦乾；白蝦剝殼，搗成泥狀；起司刨成細絲備用。

② 將絞肉煸至乾香，放入蝦泥、起司絲拌炒，加鹽調味，炒至水份完全收乾。

③ 取適量蝦鬆塞進南瓜花裡，以牙籤固定，放進電鍋中蒸煮，約5分鐘即可食用。

小滿

小得盈滿　日黃熟

5/20~22

龍鬚 & 佛手瓜

曹植的七步成詩裡
豆子與豆萁是同根生的兄弟
可是萁在釜下燃、豆在釜中泣
相煎何太急
這道龍鬚佛手
有龍的尊威，又有佛的慈悲
一樣它們也是同根生的兄弟
在某一個時間節點
採下果與芽一道料理
又有點結拜精神
同年同月同日的生與死
芽在先、果在後
我們把因果料理在一起了

涼拌龍鬚佛手瓜

[材料]

龍鬚菜	1把
佛手瓜	1/2顆
薑	1截
蒜	2瓣

[作法]

① 將龍鬚菜較粗的纖維撕去，口感較好，折成約7公分小段；佛手瓜削皮後對切，去籽切絲；薑、蒜切末。

② 薑、蒜末爆香，產生香味後，倒入小碗中，放進龍鬚菜和佛手瓜絲，攪拌均勻，加少許鹽調味即可。

小滿

小得盈滿　日黃熟

5/20~22

青草圈子・山苦瓜

冠上一個山啊、野啊
表示
它個頭一定不大，甚至迷你
它味道一定更濃、更嗆
它一定其貌不揚、沒什麼賣相
不過它也是某種程度的稀罕
它跑不了那麼遠
跑不到生鮮超市貨架上
它可能不是你的菜
但我愛
愛它的密密蔓生、小巧玲瓏
像在辦家家酒
只用來吃，好像對不起它

芒種

芒種端陽　快樂橘

6/5~7

地瓜葉

胼手胝足的年代
地瓜不只是地瓜
吃進去的是生命堅韌的台灣精神
地瓜當飯、地瓜葉是菜
時到時擔當，沒米就煮蕃薯塊湯
船到橋頭自然直的樂天知命
現在吃地瓜、地瓜葉
不再是拮据的變通
不為充肌、果腹了
以前謀生
現在養生

地瓜葉細麵

[材料]

地瓜葉　1把
天使細麵　1把
鱙仔魚　1湯匙
蒜　2瓣

[作法]

① 煮一鍋水，放入天使細麵，煮至熟透後以冷水冰鎮備用。

② 將蒜片爆香，加入地瓜葉、鱙仔魚拌炒，炒至乾香，加入冰鎮過後的麵條，拌勻即可裝盤。

芒種

芒種端陽　快樂橘

6/5~7

水田芥

水田芥？
水田，很熟悉、親切；芥，夠鄉土情懷
水田芥，怎麼那麼陌生？
又叫西洋菜，身世就很清楚了
猶太人過逾越節吃的無酵餅與苦菜
這苦菜中，便有水田芥
所以我們的陌生還算合理
它來台灣還只是幾十年的事
西式濃湯裡有它，港式的例湯裡也家常
又叫豆瓣菜，可見它開始與台灣日久生情了
水田芥，在台灣仍屬零星栽種的小宗蔬菜
它正在台灣眾蔬中奮鬥著
未來會成為家常、大宗或離群野菜
端看我們接受它、喜歡它到何等地步

水田芥濃湯

[材料]

水田芥　1把
馬鈴薯　1顆
培根　2片
洋蔥　1/2顆
蒜　2瓣

[作法]

① 將培根煎至乾香，放入洋蔥、蒜片拌炒，馬鈴薯切塊加入，倒入清水煮至熟軟；煮一鍋水將水田芥汆燙後，一起放進食物調理機攪打成泥。

② 取一只湯鍋，倒入，以中火熬煮，滾沸後即可。

芒種端陽　快樂橘

芒種

6/5~7

青草圈子．倒地鈴

雜菜麵、什菜麵……，再修辭一點什錦麵
所以，雜草不就是什草、什錦之草了
錦繡大地上的繽紛植生、千形萬態
不需你插手
倒地鈴自顧自地織它的錦
掛滿小燈籠、小鈴噹
像妝點聖誕樹一樣
佈置著自己的節慶
好奇的人兒剝出了種籽
驚豔地發現一顆心
原來它這麼有心

夏至

夏至荷　仙女紅

6/20~22

紅鳳菜

以形補形，是有點老套了
但是這老套，聽來也老得古錐
吃肝補肝、紅的補血、黏稠的顧胃
紅鳳菜這葉背的紫紅色鐵是補血
還果然鐵含量高
還真的有補血功效
還有白天吃、晚上不宜之説
考據起來
覺得這古老傳説還是可愛

芝麻香拌紅鳳菜

[材料]

紅鳳菜　1把
油豆腐　2塊
杏鮑菇　1根
薑　1截
白芝麻　適量

[作法]

① 杏鮑菇撕成細絲，油豆腐切小塊，薑切片。
② 薑片用麻油爆香，放入杏鮑菇、油豆腐拌炒。
③ 煮一鍋水汆燙紅鳳菜，瀝乾水份後加入鍋中拌勻，盛出，撒上白芝麻。

夏至

夏至荷　仙女紅

6/20~22

麻芛

歷經長長歲月的淘洗，一道菜還在
一定有它的道理
有人還在種，這意味著需求仍在
這需求，是特別的味覺、口腹……嗎？
還是一種回憶、習慣、傳統……呢？
哪怕是工序繁複、料理瑣碎
都阻擋不斷這具足的因緣
麻芛就是這樣
讓一道地方菜餚繼續存在著
有人溫故，有人藉以知新

紫地瓜麻芛湯

[材料]

麻芛　1把
紫地瓜　1顆
魩仔魚　1湯匙

[作法]

① 麻芛葉沿著葉脈取下葉片備用。
② 將葉片包裹進棉布反覆搓揉，將黏液瀝水瀝去。
③ 煮一鍋水，地瓜切丁放入煮熟，接著加入魩仔魚，滾後加入麻芛葉，再滾即可。
④ 趁熱喝或冰鎮後放入冰箱冷藏。

夏至荷　仙女紅

6/20~22

夏至

青草圈子・黃花蜜菜

慢步走走
一邊俯拾採採
路旁的野花、小草
還沒走到你家門前
我手上已經滿一束野草花了

小暑

小暑知了　童年綠

7/6~7

糯米椒

造物者何其神妙
儘管人在味覺享受上無限上綱
總不脫如來的掌中
喝碗綠豆湯，不要綠豆
來個辣椒，不要辣
色、香、味，加加減減乘乘除除
儘管挑剔，不要緊
絕對找得到答案的

糯米椒拌飛魚乾

[材料]

飛魚乾	1尾
糯米椒	5根
薑	1截
蒜	3瓣

[作法]

① 飛魚乾撕成細絲，薑切絲，蒜切片，糯米椒切斜片。

② 薑絲、蒜片炒香，加入飛魚乾炒至香味溢出；待收乾之後加入糯米椒，拌炒均勻盛出。

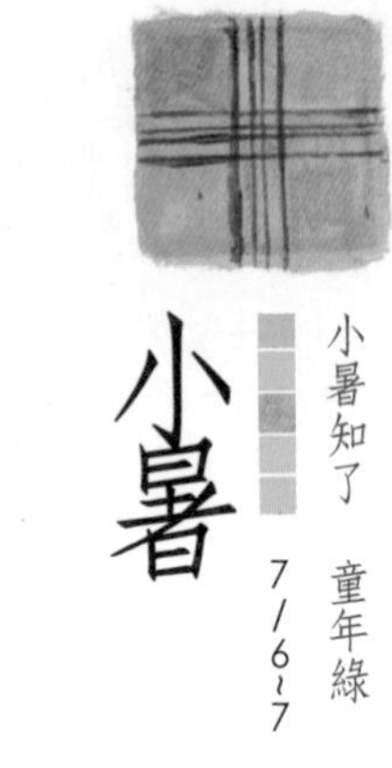

小暑

小暑知了　童年綠

7/6~7

九層塔

花序如塔
七層、九層，是描述花序層層疊疊的因人而異
幸好英名BASIL一直沒變，也是共通語言
不然，羅勒、蘭香、金不換、香花子……因地不一
在台灣，每户人家都會種上幾株
魚貝海鮮肉類料理起鍋前
率性灑上一把，燙個畫龍點睛
簡單煎個蛋都有古早味
因應廚房所需
不斷摘芽的植株越顯茂密
就像親子間的感情

九層塔烏魚子煎蛋捲

【材料】

九層塔　1把
烏魚子　1/2片
蛋　3顆
高湯　80毫升
檸檬皮屑　1/4茶匙
玫瑰鹽　適量
蔬菜油　適量

【作法】

① 九層塔洗淨後擦乾，切成細碎狀。
② 烏魚子煎至乾香，磨成細末。
③ 將蛋稍作打散，加入高湯、鹽、九層塔與烏魚子混合均勻，由於烏魚子本身即有鹹味，因此鹽不用加太多。
④ 起一油鍋，倒入1/3蛋液，煎至蛋液大致凝固即可捲起，再重複上述步驟兩次，捲起煎熟即可。
⑤ 食用前再灑上檸檬皮屑提香。

小暑知了　童年綠

小暑

7/6~7

青草圈子・紫色飛揚草

那是幾百幾千年以前
人們就已經觀察、紀錄、研究它了
即便是這長在牆角、溝渠，細細瑣瑣、微不足道的小草
取名小飛揚草，將它歸類、描述性狀
我們的阿公、阿祖也知道這紅乳仔草可以治什麼病
現在已經21世紀了
我們還是初見面
你說，文明是在進步還是退步？

大暑

大暑熱　星光寶藍

7/22~24

紅藜

與山林為伍的原住民
更清楚自然的奧義
更珍惜造物者的賞賜
紅藜用來釀酒增添香氣
豔麗垂穗編成冠戴在頭上
那是自然榮美的冠冕
如今正名為台灣藜
營養價如紅寶石
其實寶貴的不是營養價值
也不是美麗的植穗
而是與原住民生活伴侶的百年情感印記

紅藜米布丁

[材料]

紅藜 1/2杯
糯米 1/2杯
砂糖 60公克
牛奶 1杯
鮮奶油 1杯
香草莢 半根
肉桂 適量

[作法]

① 將紅藜和糯米洗淨後瀝乾，倒入一只中型湯鍋內，加入牛奶、鮮奶油和糖。
② 用刀背將香草籽刮出，和肉桂一同放進湯鍋，以中火煮開，煮至濃稠即可裝瓶。
③ 冷藏約一小時即可食用。

大暑

大暑熱　星光寶藍

7/22~24

紫蘇

紫蘇歷史很久，在世界分佈也廣
因著風土民情，品種多變、用途多元
日本刺身、天婦羅要佐青紫蘇
酸梅的著色劑、七味粉其中一味、茶漬飯的配料……
韓國醃漬泡菜、吃烤肉也配紫蘇
中國以此解魚蟹毒，紫蘇鴨、紫蘇田螺……
台灣呢？

紫蘇醬烤雞腿

[材料]

雞腿肉　1隻
紫蘇　1把
杏鮑菇　1/2根
薑　1截

[作法]

① 雞腿肉以鹽、胡椒稍做醃過至少一小時。
② 將杏鮑菇撕成細絲，煎成乾香備用。
③ 薑煸香，放入雞腿肉，將皮煎香至金黃上色後，加入紫蘇葉、杏鮑菇拌炒，淋少許醬油，倒入清水蓋過雞腿肉，持續悶燒至水份收乾即可。

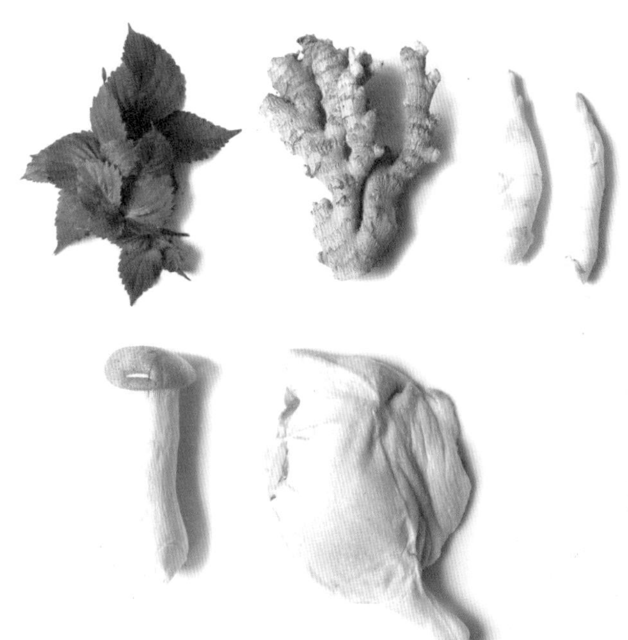

大暑

大暑熱　星光寶藍

7/22~24

青草圈子・三角葉西番蓮

小時候，時計果(四季果)是在田野嬉耍時的野味
在蔓茂的葉藤間找一顆發紫、皮有點乾皺的果子
啵！一聲，用雙掌夾裂
力道猛過了頭，會噴得滿身滿臉
為找果子，也遇見了花，端視許久
原來我的佇足不是沒有來由
十五、六世紀間
西班牙傳教士發現西番蓮科的花的特殊構造
比照了耶穌的受難圖
有荊棘、門徒、三根釘、五道傷痕
於是這花像傳道般被傳開
西班牙稱基督的荊棘、德國叫聖母之星
西番蓮科下數百種屬植物，有大有小
這個三角葉西番蓮又是微縮版

野菜漬

夏儲

香料油漬到手香

我愛在小巷弄巡逛
尤家共户前
那些不刻意、信手拈來的
像可有可無、不費心思養的花花草草
這些植物
大抵有野菜性格毋庸過度關照
主人家也非來者不拒，而是選擇過
它多半有多重功能
不只觀賞，一定另有過人處
到手香的「市佔率」好高
到手留香，外敷內外兼宜
一百個人種它，可以整理出多少理由
這是個令人好奇的問題

【材料】

到手香 1把
葡萄籽油 1公升
辣椒 2根
丁香 1湯匙

【作法】

① 到手香洗淨後，擦乾水份；辣椒擦淨表面備用。
② 取一只油罐，放入到手香、辣椒、丁香，注入油保存，儲存三個月後即可開罐使用。
③ 可以嘗試使用其他油代替，會有不同的風味。

水鴨腳

常長在潮溼的坡壁上
伸垂著粉粉的花
台灣特有種的秋海棠
與大陸無關

蘋婆

在人家的院子裡
看到一棵伸出路來的蘋婆
樹上果莢開了
露出黑眼珠
真高興

蘿蔔嬰

灑些白蘿蔔種籽
沒幾天就有芽苗可採了
拌成生菜沙拉
漬成一碟小菜
留幾棵冬天長蘿蔔

山香

在野外
如果能找到幾株山香
採些種籽回來，可能不多
但絕對比店裡買來的山粉圓
讓你高興十倍

烏仔菜

結滿黑果子的龍葵
令人雀躍
不然摘些嫩芽葉
來盤野菜
也促進它分芽

火炭母草

火炭母草
許是葉上像被燙傷的黑斑塊
細碎如白米粒的花
像是灑落的隔夜飯

毛西番蓮

毛毛的萼片
裹著一顆迷你四季果
覺得它比百香果更好吃
可是份量怎都不夠

曇花

夜裡賞完花後
明天吃它
心靈與身子都兼顧了

立秋

立秋乞巧　靦腆桃

8/7~9

秋葵

為了認識菜、在野菜裡百嘗
不只是味覺的驚奇之旅而已
總常碰到植物學分類的科屬種別
好比人的血型星座一般
一開門，便略知這菜的一二
植株的伸展、葉片、開花、結果有著家族風格
秋葵以前不在台灣
及至六〇年代開始顯著
如今已成架上菜、盤中家常
阿婆的小小菜圃裡
種不了多少種菜
絲瓜、玉米、地瓜……
秋葵我也常見
可見已經融入台灣生活很深了

秋葵烘蛋

［材料］

秋葵　3根
蛋　3顆
洋蔥　1/2顆

［作法］

① 洋蔥切丁；煮一鍋水將秋葵汆燙後，以冷水冰鎮，切小段。

② 取一只厚底鑄鐵煎鍋，將洋蔥丁混和蛋液倒入，撒上秋葵，蓋上鍋蓋，以中火悶煎，待蛋香溢出即可盛出。

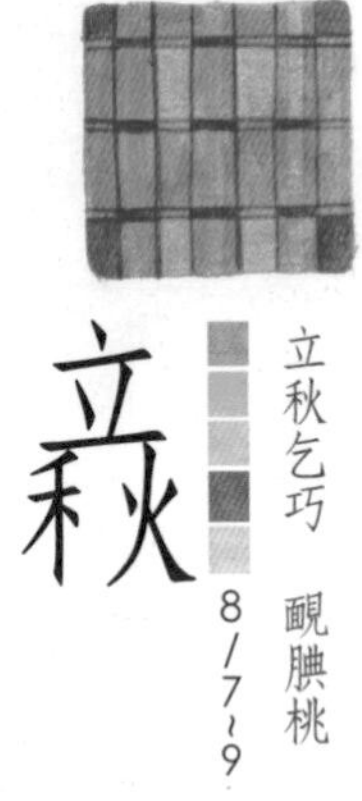

立秋

立秋乞巧　靦腆桃

8/7~9

蘋婆

蘋婆，台語音似「品澎」，或「乒乓」變聲調
梧桐科的大樹一棵
開花時成串花序，朵朵細緻如風鈴、皇冠
不只花美
結果時，更讓人垂涎
是村童覬覦的對象
兒時也嘗過這甜頭
果莢裂開，種籽亮黑如目瞳而有鳳眼果之名
蒸煮烤了剝去三層皮
味道呢？像栗子、地瓜……？待你體會
城市裡少見
怎麼行道樹盡是臭得惹嫌的掌葉蘋婆

鹽焗蘋婆

[材料]

蘋婆　10顆
粗鹽　1杯

[作法]

① 取一只淺烤盤，先鋪上一層鹽床，取適當距離放入蘋婆，再蓋上一層鹽被。

② 以烤箱２００度烘烤約20分鐘，即可剝開食用。

立秋乞巧　靦腆桃

8/7~9

青草圈子・月桃

我思故我在
當你將心思放在月桃上
那山裡的月桃株便燦然了
花朵帶著誘惑
一路看它開花結果
期待嘗那仁丹味的籽
也想包它幾裹月桃粽

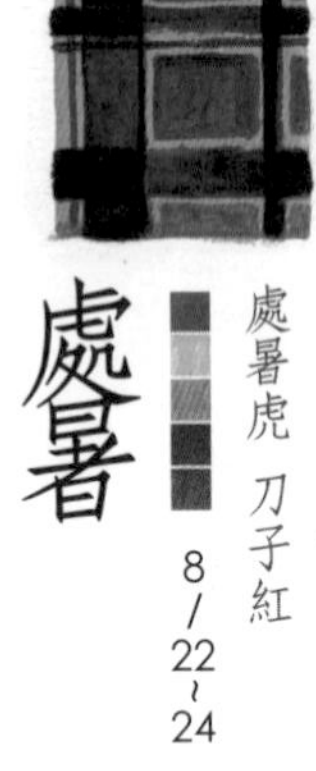

處暑

處暑虎　刀子紅

8/22~24

馬告

胡椒進入料理裡、跑到餐桌上，好久遠了
遠到我們從未見過這植物的模樣
照樣白胡椒粉、黑胡椒粒不可或缺
還有那多點川味的花椒
生活就在這幾種香辛裡調味
怎麼會沒發現
台灣的山林裡還有山胡椒
泰雅族語中的馬告
讓習慣了的胡椒
又新立了一座山頭
在香辛裡添一層野味

自製馬告香腸

[材料]

馬告　2湯匙
絞肉　1/2斤
腸衣　適量
蒜　5瓣

[作法]

① 將腸衣洗淨後，浸泡米酒備用。
② 取一只碗，放入馬告、絞肉，蒜切末，攪拌均勻，持續攪打至出現黏性。
③ 取出漏斗，將腸衣取一段適當長度後，一端打結套入漏斗嘴，接著將肉餡灌入腸衣中，取適量長度打結分段。
④ 將灌好的香腸吊在通風處風乾，至少一日，待表皮乾硬即可煎烤食用，冷凍保存。

仙人掌果

仙人掌的多刺讓人敬而遠之
哪怕是叢上長著野果
以前只有鳥獸、嘴饞的小孩吃它
近年來漸風行成澎湖的特產
封它是沙漠裡的蘋果
從仙人掌冰品到飲料、果醬
這吃法也跨海帶進島內來
鮮豔的紫紅
是曬多少太陽、凝縮多少水份
而結成的正果

仙人掌果冰淇淋

[材料]

仙人掌果 50公克
冰糖 50公克
檸檬 1／2顆
優格 1杯
蜂蜜 1湯匙

[作法]

① 將仙人掌果以食物調理機打成泥狀，取一只湯鍋，放入仙人掌果泥和冰糖，靜置30分鐘。

② 待冰糖融化後，以中火煮開，擠進檸檬汁，滾沸後即可熄火，放涼備用。

③ 加入優格、蜂蜜，放進冷凍庫保存：每隔1小時就取出，刮鬆冰晶，如此反覆操作，直到綿密即可。

處暑

處暑虎　刀子紅

8/22~24

青草圈子・落葵

想在小小的陽台、空中花園裡
搭一個棚架，希望爬滿了綠葉
但不要一年生
免得結果後得面對再次荒蕪
可以受它的蔭庇
可以賞心，可以嘗味
洛葵好嗎？
就是那皇宮菜

白露

白露月　桂香黃

9/7~9

龍葵

因那黑亮的成熟小漿果
龍葵更親切的稱呼是烏（甜）仔菜
結束了田間的農事
回家路上順手摘採
便可為餐桌添陣容
我們用現在的料理
回味過去

龍葵蘿蔔雞湯

【材料】

龍葵 1把
雞腿肉 1隻
蘿蔔 1／2根
蘿蔔乾 5片
陳年老蘿蔔乾 1片

【作法】

① 取一只大型湯鍋，倒入清水，放進蘿蔔塊、蘿蔔乾和陳年老蘿蔔乾一起熬煮。
② 高湯滾沸後放入雞腿肉，保持微沸，一邊撈去浮末，起鍋前加入龍葵，汆燙至熟即可。

芋橫

這種食材還沒形諸文字
口語間用「芋橫」稱它
是芋頭地上的芋莖葉梗
是芋頭採收時的副產品
不忝天物的吃著吃著
倒也吃成了一種特有的風土
一種會讓人憶起往事的味道

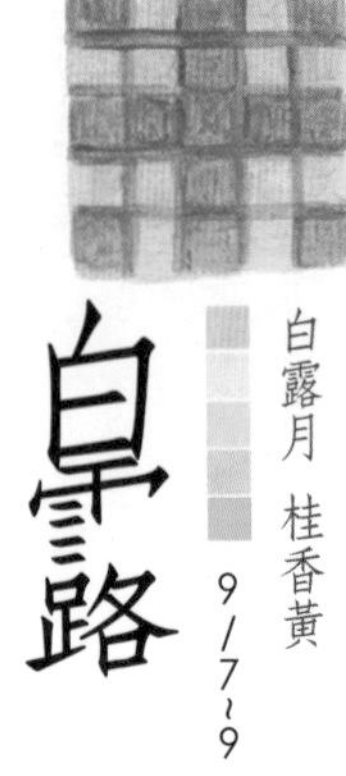

白露

白露月　桂香黃

9/7~9

芋横蝦湯

[材料]

芋横　1根
白蝦　3隻
豆芽　30公克
洋蔥　1/4顆
薑　1截
清水　300毫升

[作法]

① 將芋横去皮後洗淨、切段；薑切片、洋蔥切丁。
② 薑片爆香，放入洋蔥、豆芽、切段的芋横持續拌炒。
③ 取一只湯鍋，注入清水，煮沸後放入白蝦，和拌炒好的材料，再滾後熄火盛裝。

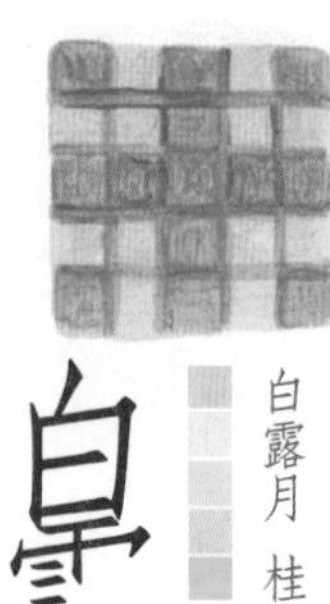

白露

白露月　桂香黃

9/7~9

青草圈子・黃荊

早期南台灣有一種木炭
以產地為名叫「楓港炭」
用當地遍長的黃荊
全株帶著特異香氣
耐燒的好薪材
可驅蚊又叫蚊仔柴
群生的黃荊紫花成片怒放
是稀罕的蜜源植物
採成的埔姜蜜微酸帶甘恬淡幽遠
如此植物
豈能只有過去式

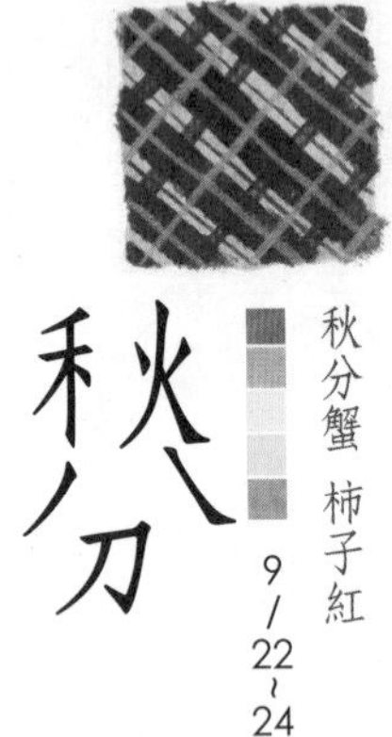

秋分

秋分蟹　柿子紅

9/22~24

川七

比起家常的菜蔬
野菜就是多了一些桀驁不馴
不那麼為人設想、處處讓步
口味便不那麼大眾化
還保有著明顯的自我風格
所以人們對它愛恨分明
我是屬於愛的這一群
勇於體會的鮮明的個性

川七枸杞清粥

【材料】

川七 5片
五花肉 1塊
枸杞 1湯匙
薑 1截
米 1杯

【作法】

① 五花肉切成細絲，薑切片，爆香後放入肉絲拌炒至熟，取出備用。

② 取一只湯鍋，放入米，加入五杯清水和枸杞，以中火煮開，滾沸後加入肉絲、川七，煮至濃稠即可。

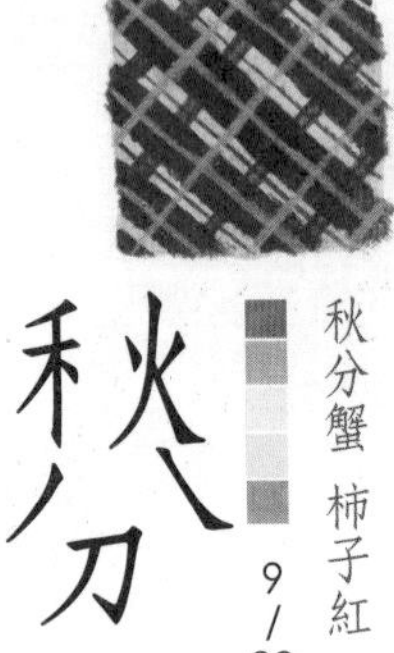

秋分

秋分蟹　柿子紅

9/22~24

秋海棠

在還不認得植物前
課本裡老早就說著秋海棠了
那是許多人的鄉愁
秋海棠形形款款
還有台灣特有的水鴨腳
英文名裡還有個formosana
葉形不像中國版圖，而是鴨子掌
在林蔭潮溼的山壁上，自吐著粉色的花
肉質的莖酸酸的
是山客的應急解渴草
好好料理，顏色美麗的野菜

秋海棠酸辣湯

【材料】

秋海棠	1把	豆腐	1塊
黑木耳	50公克	清水	600毫升
紅蘿蔔	50公克	薑	1截
金針菇	50公克	鹽	適量
竹筍	50公克	地瓜粉	適量
豬血	2塊		

【作法】

① 將秋海棠較硬的葉梗去除後切段備用。

② 豬血切絲浸泡在清水裡；黑木耳、紅蘿蔔、竹筍、豆腐切絲；薑切末。

③ 取一只中型湯鍋，注入清水，放入筍絲、紅蘿蔔絲、黑木耳、豬血，開大火煮開，滾沸後轉中火，放入豆腐絲，加鹽調味。

④ 最後放入秋海棠，地瓜粉調水混合後慢慢加入，斟酌自己喜愛的勾芡程度即可起鍋。

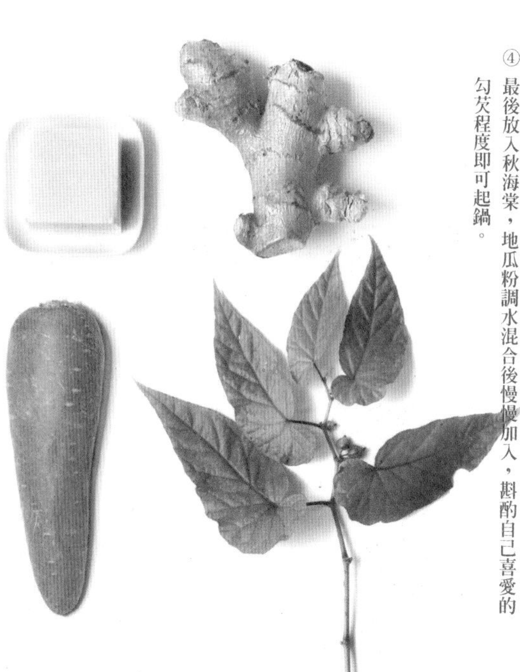

140

秋分

秋分蟹 柿子紅

9/22~24

青草圈子・冇骨消

哈利波特劇中製成魔棒的接骨木
在台灣便是這相近的冇骨消
原生種的向陽植物
複聚繖花序盛開時
對蜂蝶昆蟲誘散著難擋的吸引力
注意那花序間還散置小筒狀的蜜杯
難怪蟲兒流連不去
是本土重要蜜源植物

寒露

寒露涼　大地土黃

10/7~9

芫荽

隨處路邊的小麵攤
小到十五、廿元一碗的貢丸、菜頭湯
都要捏把屑末湯裡放
厚實的湯底，才有了新香氣
與蔥一樣
芫荽同是菜市場裡最早的贈品文化
菜要錢、香料免費
菜是交易，香菜是人情味

芫荽花生冰淇淋

[材料]

芫荽	1把
花生	2湯匙
潤餅皮	2張
冰淇淋	1顆
香草糖	1茶匙

[作法]

① 將花生搗成粉末；芫荽摘取葉子部分備用。

② 攤開潤餅皮，放入冰淇淋，撒上香草糖、花生粉、芫荽後即可食用。

寒露

寒露涼　大地土黃

10/7~9

蘿蔔嬰

當畦上灑下點點蘿蔔種籽
發成密密麻麻的菜苗
接著便要疏苗
留下健壯的苗株，保持一定的株距
這拔下的苗便成了蘿蔔嬰
蘿蔔嬰沒在市場上賣
只有在種蘿蔔的農家這樣吃
如今芽苗菜熱門
沒想到早期這樣吃就是養生

蘿蔔泥佐香煎鱸魚

[材料]

白蘿蔔 1/2根
蘿蔔嬰 10根
鱸魚 1片
鹽 適量

[作法]

① 白蘿蔔切塊，取一只湯鍋，注入適量清水，將白蘿蔔塊煮熟。
② 將鱸魚乾煎至恰恰，加鹽調味，魚肉切片備用。
③ 將白蘿蔔塊、蘿蔔嬰放入食物調理機打成泥狀，淋在鱸魚上搭配食用。

寒露涼　大地土黃

寒露

10/7~9

青草圈子・乳仔草

相較於紅乳仔草的小飛揚草
乳仔草放大許多，也叫大飛揚草
摘一段大飛揚草
細細端詳
有宮崎駿畫裡
那種像蜻蜓又像蜈蚣的飛行物體

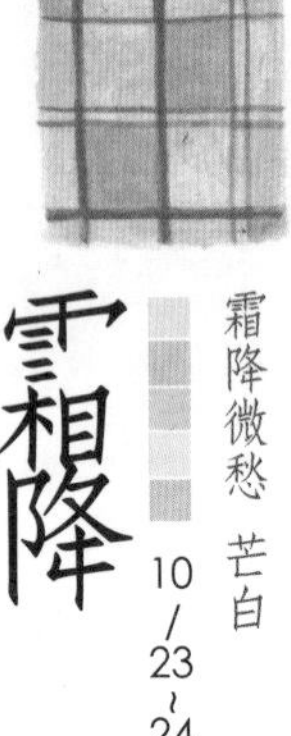

霜降

霜降微愁　芒白

10/23~24

瓊花（曇花）

曇花總是一現
像植物中的夜行性動物
在幽黑的暗夜
盛開著華麗的白花
讓初見的人總是一驚
驚為月下美人、驚為鬼仔花
曇花入菜
當然也不能掩其華美
又是一驚

曇花杏仁豆腐

［材料］

曇花 1朵
杏仁豆腐 1塊
冰糖 2湯匙
水 3杯

［作法］

① 取一中型湯鍋，倒入水和冰糖，煮成糖水，滾沸之後放進曇花，熄火，隔冷水冰鎮。

② 曇花會自然產生黏稠的口感，並且帶有淡淡花香，搭配杏仁豆腐的滑潤風味更好。

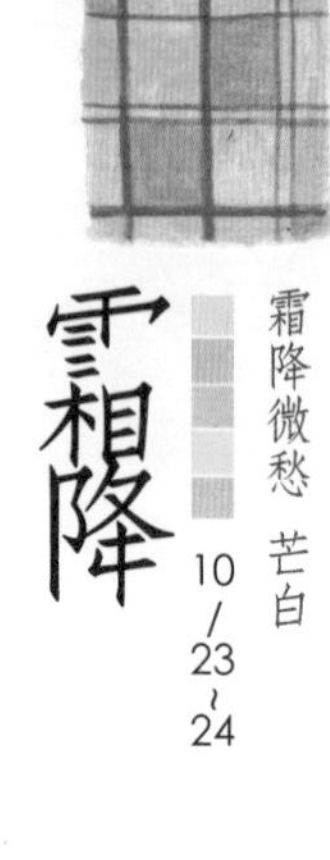

霜降

霜降微愁　芒白

10/23~24

山香（山粉圓）

長輩們稱它是「狗母蘇」
種籽含在嘴裡竟會長出肉來
煮成一鍋甜湯可以囫圇著喝
名字跟種籽一樣奇妙
長大後在都會裡遇到它
名字雅了，叫山粉圓
擬態了，叫青蛙下蛋
查找資料，正名叫山香
原來它的氣息
代表著山的香氣

山香涼圓

[材料]

山粉圓 2湯匙
綠豆蒜 1/2杯
冰糖 1/2杯
太白粉 20公克
地瓜粉 20公克
清水 200毫升

[作法]

① 綠豆蒜以份量外清水泡開，至少得2小時，泡開後和冰糖一起熬煮，熟透就可以熄火。

② 山粉圓也以份量外清水泡開，約30分鐘即可瀝乾，和綠豆蒜一起混合成餡料。

③ 先將太白粉和地瓜粉過篩後混合，加入清水攪勻。分一半，其中一半放入鋼碗裡隔水加熱，一邊不斷攪拌，直到粉漿糊化濃稠狀。

④ 將粉漿混合均勻，取適量餡料包覆，搓成小圓球狀，放入電鍋中蒸，約5分鐘即可蒸熟。

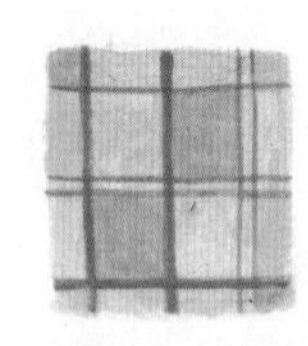

霜降微愁　芒白

霜降

10/23~24

青草圈子・菝葜

童玩裡，會削一節竹
兩端都塞上這種植物的果子
再以另一根細竹插入竹管推進
壓縮空氣會將管端「子彈」砰然射出
倘沒這般玩法
菝葜恐怕都是植物研究者才認得的植株
野地裡想要再找一蓬菝葜果子
再做一筒小竹槍給孩子玩
好像無法信手拈來即是
直到花藝材料裡有種山歸來
原來菝葜早已美到進階花材圈了

野菜漬

秋涼

刺蔥香草鹽

相對金針是母親花
香椿便為父親樹
人生中椿萱並茂是個大福氣
香椿入菜早已家常
香椿調味更是蔬食者的不二味
仰望一樹青翠
也低頭感謝盤中美味

【材料】

刺蔥 1把
粗鹽 300公克

【作法】

① 將刺蔥烘乾，放進食物調理機中打碎成粉末。
② 取一只密封罐，將刺蔥和粗鹽倒入，混和均勻後存放，放置於陰涼處，放置七天後即可取出食用。

鬱金根

是中藥、是食材
咖哩的黃不可缺它
有它
哪需要黃色幾號

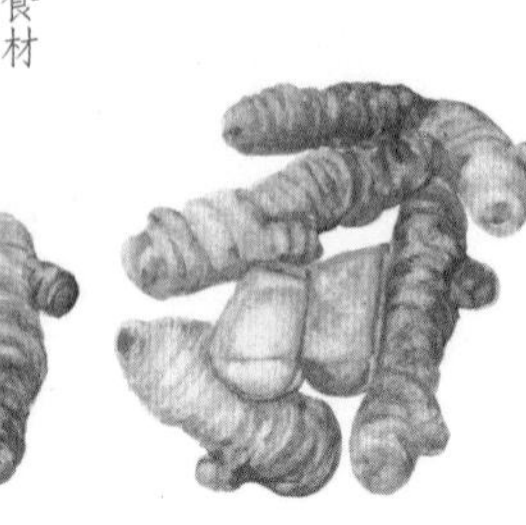

樹豆

西岸看不到這豆
都在東岸的原鄉裡
家常得很
美味得很

刺莧

菜攤架上的莧菜
已經鮮翠素淨了
哪還要這梗上長刺的
可是愛玫瑰就得接受它的刺
這莧也同理

昭和草

火鍋裡的茼蒿
這次全換成昭和草如何？
應該比茼蒿強多了

天門冬

挖開土
天門冬把它的寶藏埋在地下
一顆顆塊莖
料理野味

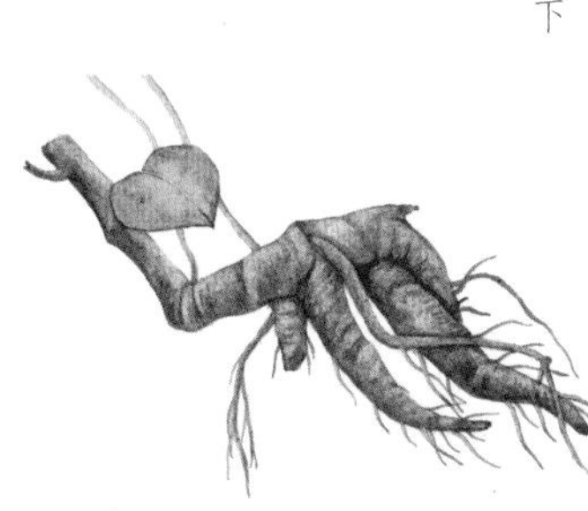

假人蔘又叫土人蔘
根會膨大像人蔘
形就有補意了
採根冬季佳

鄉間都叫它厚磨仔
葉大肥厚
兩三片葉
便可成就一盤野蔬了

杜英

樹形優美
秋天葉子會變紅
還會結出小楕圓核果
由綠轉黑熟
是我的山採小橄欖

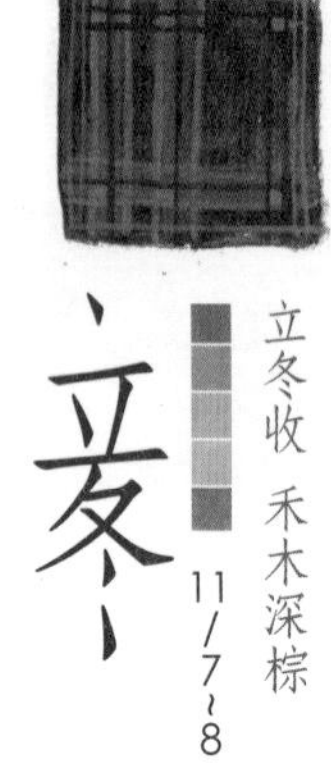

假人蔘

假人蔘引進台灣約與中華民國同樣過百年了
因為主根膨大如人蔘
故名假人蔘，又名蔘仔草、土人蔘
生命力強
是自生自長的野草
小花開得端莊細緻，也廣愛園藝種植
與豬母奶同是馬齒莧科
嫩莖葉滑嫩爽青脆
放任它、觀賞它、吃它
任君挑選

假人蔘芙蓉湯

[材料]

假人蔘　1把
蛋白　1顆
雞高湯　300毫升
地瓜粉　適量

[作法]

① 取一只湯鍋，注入雞高湯，以大火煮開，保持滾沸狀態，將蛋白打散後快速攪入，這樣蛋白才會形成細絲狀。

② 地瓜粉加適量清水調稀，慢慢加入湯中勾芡，加入假人蔘，再度滾沸後即可熄火盛裝。

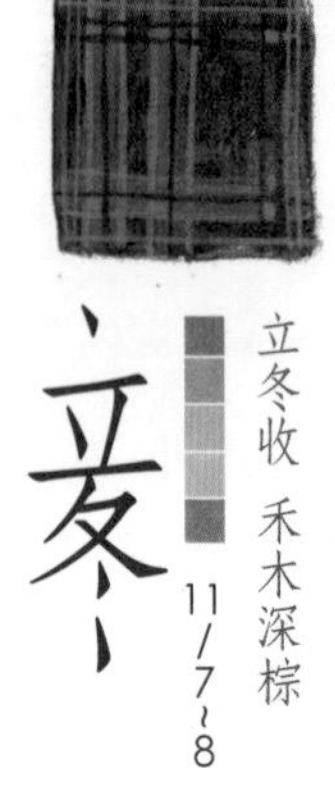

生當歸

以前在中藥舖裡的當歸
像乾燥切片的標本
現在當歸活靈活現起來了
生當歸全株入菜
滋補、養生的靈魂不滅
只是附在生鮮菜蔬的軀體上
讓古老的藥補
有了飲食上的新解

當歸豆腐丸湯

［材料］

當歸葉	2把	鹽	適量
板豆腐	1塊	麵粉	適量
培根	2片	綜合胡椒粒	適量
蛋	1顆	麵包屑	10公克
蔥	1支	雞高湯	300毫升

［作法］

① 將蔥和其中一把當歸葉切成末。

② 培根煎至鹹香，板豆腐瀝乾後切丁，蔥末、當歸葉末、麵包屑一起放進食物調理機中打碎。

③ 取出，加入蛋、鹽、綜合胡椒粒，混合均勻後，捏出適當大小的圓球狀，灑點麵粉較不易沾黏，取一只平底煎鍋，以中小火將丸子煎熟備用。

④ 取一只湯鍋，注入雞高湯，以中大火煮開，放入剩下的當歸葉，滾沸後放進丸子即可一起食用。

立冬收　禾木深棕

11/7~8

青草圈子・天門冬

當人們研究著它的藥性時
天門冬早已成了觀賞植物
登堂入室進到生活裡
細細的葉不是葉而是葉狀枝
看不見的盆底
還藏著顆顆紡錘形的根塊
中藥看重的是地表下這小塊根
我們則在地表上枝葉找美麗

小雪

小雪感恩　微風紫

11/22~24

衝菜

十字花科是植物界繁盛的一族
與人親近，是人類最早栽種為蔬菜
大小白菜、高麗菜、蘿蔔、花菜、青江菜、芥菜……比比皆是
十字花科植物普遍含有一種芥子油
具有辛辣嗆鼻的味道
芥末（芥菜種籽磨末）、山葵的辛辣皆然
衝菜因此應運而生
通常用的是芥菜
帶著花梗、半生不熟的封悶
一股嗆味油然而生
風格強烈一盤小菜

衝菜辣拌豆腐

【材料】

衝菜	1把
豆腐	1塊
辣椒	1根
鹽	適量

【作法】

① 衝菜洗淨瀝乾，切細末備用。

② 取一只厚底煎鍋，將鍋子燒熱，放入衝菜迅速乾炒，盛出冷藏保存，至少3小時。

③ 煮一鍋水將豆腐燙熟，剁碎；起油鍋將薑末、辣椒末爆香，加入豆腐拌炒，盛出，和衝菜攪拌均勻，加鹽調味。

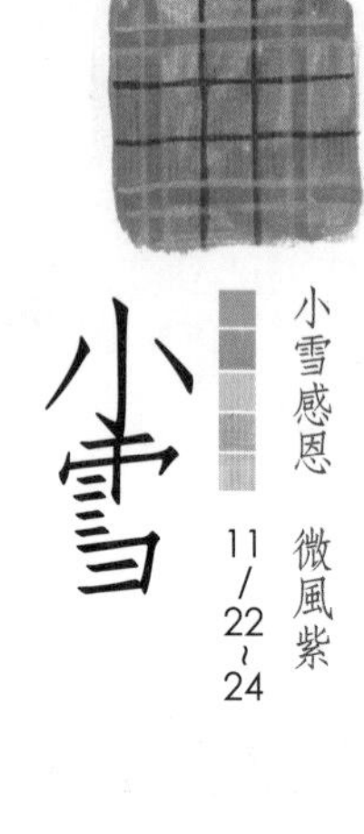

小雪

小雪感恩　微風紫

11/22~24

枸杞葉

李時珍的本草綱目裡
有枸杞的春夏秋冬
春采枸杞葉，名天精草
夏采花，名長生草
秋采子，名枸杞子
冬采根，名地骨皮
對於枸杞，我們似乎只活在它的秋天裡
而枸杞葉，也早在台灣萌芽了
那是葉用枸杞，即大葉枸杞
還不普遍的葉用枸杞
買得到，有人取名「活力菜」

枸杞燉湯

[材料]

枸杞葉　3把
五花肉　150公克
蒜　2瓣

[作法]

① 五花肉切成薄片，蒜切末。
② 將蒜爆香，放進五花肉片拌炒，注入適量清水燉煮，最後放入枸杞葉煮熟即可。

小雪

小雪感恩　微風紫

11/22~24

青草圈子・杜虹花

英文名Formosan Beautyberry
是台灣人的美麗漿果
看著又稱台灣紫珠的杜虹花
不禁要驕傲起來
可以將它介紹給外國人
看看紫色的東方之美

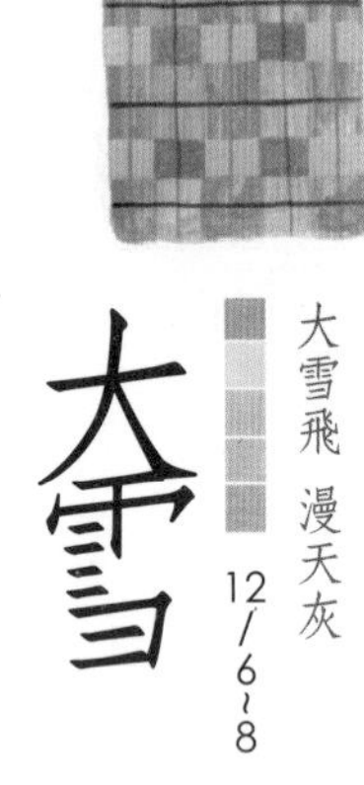

大雪

大雪飛　漫天灰

12/6~8

皇帝豆

天大地大之外
還有皇帝也大
敢以皇帝豆為名
可見沒有三兩三是沒這膽的
皇帝豆算是豆類中的大塊頭
野性高，幾無病蟲害
只吃豆，不用莢
皇帝早已常民得很
可是別把皇帝看扁了

鹽炒皇帝豆

【材料】

皇帝豆 1杯
蒜 2瓣
綜合胡椒粒 適量
玫瑰香草鹽 適量

【作法】

① 煮一鍋水，將皇帝豆汆燙後，浸泡冰水，去膜備用。
② 將蒜爆香，放入皇帝豆拌炒，加黑胡椒、鹽調味。

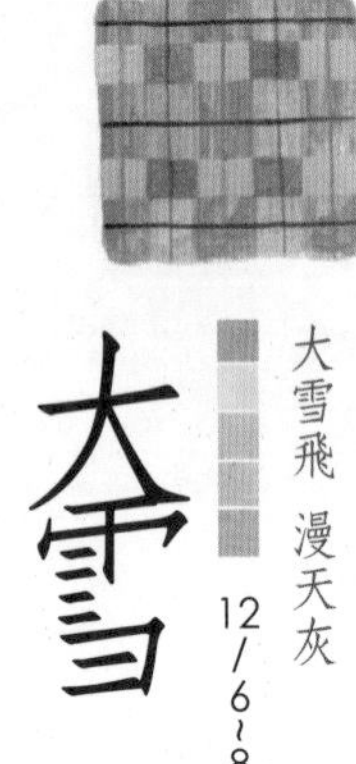

大雪

大雪飛　漫天灰

12/6~8

狗肝菜

原產於中國大陸華九頭獅子草
已漸在台灣成為優勢雜草之一
野菜與青草沒有一道分明的界線
亦藥亦菜
青草多以煎服湯飲
野菜，還要調理它的色香味

狗肝菜野蔬清湯

[材料]

狗肝菜	1把
竹筍	1／2根
長豆	2根
薑	1截
蒜	2瓣

[作法]

① 長豆撕去菜梗，折成小段；竹筍削皮切成薄片；狗肝菜洗淨備用；薑、蒜切末。

② 起一只油鍋，將薑末、蒜末爆香，加入筍片、長豆，注入適量清水一起燉煮，所有材料煮熟之後，放進狗肝菜，燙熟即可食用。

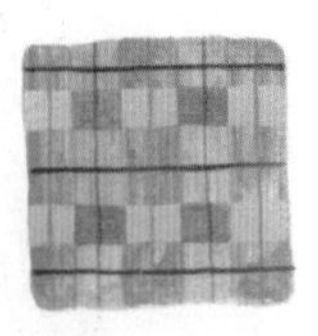

大雪飛 漫天灰

12/6~8

青草圈子・金銀花

古老的民間故事裡
有一對孿生姐妹金花、銀花
姐妹情深卻相繼在冬日染病而逝
姐妹同葬之地長出這植物
冬日長青，花開初白，幾日後轉為金色
所以有名忍冬，又名金銀花、鴛鴦花
這花多神效記載
還曾在SARS流行期間水漲船高
但我只想讓它爬滿一格窗
興來沖它一盞花茶

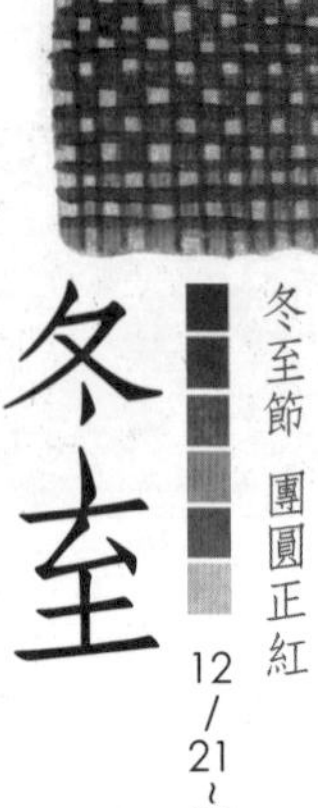

冬至

冬至節 團圓正紅

12/21~23

茴香

原產自地中海的茴香
如絲般羽狀複葉
形與氣味都在菜蔬中獨樹一幟
香料植物，用以鎮腥除臭提味
收畫龍點睛之效
香料老是配角佐料
羅勒、迷迭香不會成為一道菜
只有茴香菜
可以是配角
可以自己當主角

茴香麻油麵線

【材料】

茴香	1把
麵線	1把
枸杞	1湯匙
蛋	1顆
薑	1截
麻油	適量

【作法】

① 煮一鍋水，滾沸後放入麵線煮，約1分鐘即可盛起。

② 薑片以麻油爆香，薑片乾煸後煎蛋，盛出，接著放入麵線、枸杞拌炒，加入茴香，攪勻後即可。

178

冬至

冬至節　團圓正紅

12/21~23

普刺特草

普刺特草名字可能陌生
最響亮的莫過老鼠拖秤錘
台灣原生種植物，中低海拔潮溼山邊常見
別名銅玉帶草、銅錘草、地茄草、米湯果
惹眼之處總在它如銅錘般的紫色熟漿果
滿滿齒狀橢圓小綠葉，襯著顆顆紫錘
配上老鼠拖秤錘趣名、加上台灣原生身分
不再只有食用、藥用價值了
早被園藝界相中，成為視覺系明日星
一盆盆卡哇伊地被買進居家庭院裡了

普剌果實甜湯

[材料]

普剌特草果	1株
龍葵籽	少許
瑞士薄荷	1株
馬告	1湯匙
蘋果	1/2顆
檸檬	1/2顆
冰糖	4湯匙
香草莢	1/2根

[作法]

① 取一只湯鍋，放進馬告、蘋果丁、檸檬汁、冰糖，用刀背刮下香草籽，一起煮成甜湯。

② 待滾沸之後，放入普剌特草的果實和龍葵籽，熄火，冰鎮。

③ 放涼後加入薄荷即可飲用。

冬至

冬至節 團圓正紅

12/21~23

青草圈子・葎草

在戶外
想找些有形有款的蔓性野草
葎草的野佔率屬第一
莖葉帶著小逆刺，人稱五爪龍
往往蔓成一大片
強勢難擋

小寒

小寒臘八　雜灰雜紫

1/5~7

黃鵪菜

有些野菜，其實入世很深
即便在都市裡，也不放過可以孳長的小吋土地
黃鵪菜堪稱菊科最普遍的野花草
青草文化裡稱它是一枝香
別名中可以一窺對它的觀感
山菠菱，可見有菠菜的影子
山芥菜，又有芥菜的特性
全草性味甘涼微苦
青草茶中常添的一味
除此之外
今天怎麼吃？

黃鶴菜鍋巴

[材料]

米 1/2杯
黃鶴菜 1把
杏鮑菇 1根
薑 1截
鹽 適量

[作法]

① 首先將米煮成白飯後，拿出一只平底煎鍋，取約手掌一半大小的白飯，煎成米餅。

② 黃鶴菜、杏鮑菇切成丁，薑切片；取一油鍋將薑片爆香後，放入黃鶴菜、杏鮑菇一起拌炒，炒得油油亮亮就可以加鹽調味，起鍋。

③ 將餡料放在米餅上一起吃，充滿著香香脆脆的層次口感。

小寒

小寒臘八　雜灰雜紫

1/5~7

野莧

野莧雖原產於熱帶美洲
憑著極強的適應力，在台灣活得遍野
與昭和草、咸豐草一樣常見
野莧有二，一為無刺的野莧、山荇菜
另為有刺的刺莧、假莧菜，刺莧又分白刺莧與紅刺莧
四處橫生野莧
總是惹人嫌厭
但嘗過白刺莧雞湯後
從此改觀

刺莧烏龍麵

[材料]

野莧	1把	蛋	1顆
五花肉	3片	蒜	3瓣
油豆腐	1塊	洋蔥	1/4顆
玉米筍	2根	海苔	2片
櫻花蝦	1湯匙	鹽	適量
烏龍麵	1份	清水	500毫升

[作法]

① 蒜、洋蔥切末；野莧洗淨後擦乾，摘下葉子備用；取一只湯鍋注入冷水，放入蛋，開大火煮，滾沸後約5分鐘將蛋取出，以冰水冷卻。

② 取一只平底煎鍋，將蒜、洋蔥末爆香，放入五花肉拌炒。

③ 取一只湯鍋，注入清水和櫻花蝦一起煮，滾沸後加入油豆腐、玉米筍和烏龍麵，接著放入炒好的五花肉和野莧一同熬煮，約1分鐘即可盛裝。

④ 最後再加上煮好的蛋、高麗菜絲、海苔片，就可以熱呼呼地吃。

小寒

小寒臘八　雜灰雜紫

1/5~7

青草圈子・洋落葵

又名藤三七、川七、串花藤
還有一稱雲南白藥
除了藥，川七早是耳熟能詳的野菜
田間、院裡放養著便長蔓成一片
夏日花季穗狀花序成了串花藤
一球球珠芽性味甘涼還壯腰膝
肉質葉一片片
麻油煎炒誰都愛

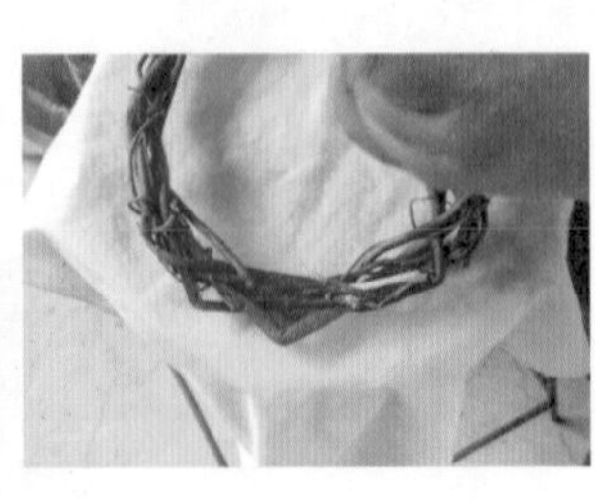

大寒

大寒冷　高粱辣金

1/19~21

樹豆

在原鄉首遇樹豆
最常用來煮排骨湯
把樹豆吃成了主食，吃成原鄉特產
原來在接觸原鄉之前，我老早就吃過樹豆
就是鄉間野台戲場上
常跟著燒酒螺一起賣，堆得尖尖一簍筐
蒸得溫熱，頂上灑著蔥花的番仔豆
一樣的樹豆
在原鄉裡煮湯喝
傳到平地，成了蒸著吃的零嘴
如今此消彼長
番仔豆早已漸式微罕見
倒是樹豆正在興旺中

樹豆燉豬腳

[材料]

黑/紅樹豆	各1杯
培根	2片
豬腳	1隻
紅蘿蔔	1/2根
洋蔥	1/4顆
蒜	3瓣
鹽	適量
清水	適量

[作法]

① 前一晚先將樹豆以清水浸泡靜置。

② 蒜切末；洋蔥切絲；紅蘿蔔切塊備用。

③ 先將豬腳以滾水汆燙半熟。將培根煎至焦香後，放入蒜末、洋蔥絲繼續拌炒，接著加入泡開的樹豆和豬腳，持續燉煮約30分鐘，加鹽調味即可。

大寒

大寒冷　高粱辣金

1/19~21

黑柿蕃茄

蛙類體型最大的、外來的叫牛蛙
這個人的脾性難摸，很牛
蕃茄也有牛，牛蕃茄當道正紅
皮肉紅粉細嫩、個頭大
薄片橫切也不會汁液橫流
生來好似全為了夾進漢堡裡
牛蕃茄以及其他新品種蕃茄
讓栽種歷史悠久的黑柿蕃茄有些難以招架
所幸，有些味道、口感是難以取代的
即便味酸了些、氣野了點……，也沒紅嫩長相
蕃茄裡塞顆話梅啃著吃
切塊沾著糖、醬油、薑末和成的醬吃
那是其他蕃茄無法陪我們走過的歲月

黑柿蕃茄辣咖哩

[材料]

黑柿蕃茄	3顆	南薑	1截
櫻花蝦	1湯匙	紅蔥頭	3瓣
馬告	2湯匙	蒜	3瓣
花生	2湯匙	辣椒	1根
薑	1段	檸檬	1/2顆
薑黃	1截		

[作法]

① 蒜、紅蔥頭、辣椒切片；花生去膜；薑、薑黃、南薑削皮後切片。

② 取一厚底煎鍋，將所有香辛料煸炒至香味產生，放入食物調理機攪打均勻，倒回煎鍋，放入蕃茄切塊，持續拌炒，蕃茄會持續出水，直至水份收乾，醬收至濃稠即可，淋適量檸檬汁調味。

大寒冷　高粱辣金

大寒

1/19~21

青草圈子・葶藶

古籍裡的救荒本草
多稱山芥菜
泛指著開著黃色小花
不規則鋸齒緣葉
十字花科植物
喜歡古語中的
採嫩苗葉揀擇煠熟油鹽調食
如今早已不知荒年為何物
吃它
可能只為更聽得懂早先的故事

馬告辣椒封蘿蔔乾

常民的家中
起碼會有兩個醬缸
一缸是瓜
一缸就菜脯
瓜在夏季封存的
蘿蔔在冬天入缸的
只有鹽、只有太陽
還有的是時間
鹽多重、太陽曬幾天、缸裡貯多久？
家家都有一本經
所以家家都有自己的媽媽味

【材料】

白蘿蔔　1斤
粗鹽　100公克
馬告　50公克
乾辣椒　50公克
紫蘇　1把
鹽　適量

【作法】

① 白蘿蔔洗淨後，去頭切尾，切片。
② 用粗鹽搓揉白蘿蔔，讓鹽份滲透進去，置放於密封罐裡一天；隔日以重物將水份壓乾，壓一天；第三日後開始以陽光日曬，視情況調整天數，直至呈現金黃色散發香氣即可。
③ 紫蘇洗淨擦乾後，以鹽搓揉使之入味。
④ 取一只密封罐，依序將馬告、辣椒、紫蘇鹽和蘿蔔乾個別分層放入，儲存於陰涼處，存放一個月後即可開罐食用。

國家圖書館出版品預行編目資料

台灣好野菜：二十四節氣田邊食／種籽節氣飲食研究室著.
—初版. —台中市 ： 晨星，2013.10
200面 ；公分. — （自然生活家 ；08）

ISBN 978-986-177-755-9（平裝）

蔬菜食譜
427.3　　　　　　102015155

台灣好野菜
二十四節氣田邊食

台灣獨特
迷人的野菜
[taiwan foods]
-vegetable-

作者　種籽節氣飲食研究室
插畫　種籽設計
總編輯　徐惠雅
主編　徐惠雅
美術編輯　種籽設計
封面設計　種籽設計

創辦人　陳銘民
發行所　晨星出版有限公司
台中市407工業區30路1號
TEL 04 23595820 FAX 04 23597123
E-mail morning@morningstar.com.tw
http //www.morningstar.com.tw
行政院新聞局局版台業字第2500號

法律顧問　陳思成律師
初版　西元二〇一三年九月三十日
初版四刷　西元二〇二三年六月三十日
郵政劃撥　15060393（知己圖書股份有限公司）
讀者專線　04 23595820#212
印刷　上好印刷股份有限公司

定價　三五〇元
ISBN 978-986-177-755-9
Published by Morning Star Publishing Inc.
Printed in Taiwan

◆讀者回函卡◆

以下資料或許太過繁瑣，但卻是我們了解您的唯一途徑，

誠摯期待能與您在下一本書中相逢，讓我們一起從閱讀中尋找樂趣吧！

姓名：＿＿＿＿＿＿＿＿＿＿＿＿　性別：☐ 男　☐ 女　生日：　／　／

教育程度：＿＿＿＿＿＿＿＿＿＿

職業：☐ 學生　☐ 教師　☐ 內勤職員　☐ 家庭主婦

☐ 企業主管　☐ 服務業　☐ 製造業　☐ 醫藥護理

☐ 軍警　☐ 資訊業　☐ 銷售業務　☐ 其他＿＿＿＿＿＿

E-mail：＿＿＿＿＿＿＿＿＿＿＿＿＿＿＿＿＿＿＿　聯絡電話：＿＿＿＿＿＿＿＿

聯絡地址：☐☐☐＿＿＿＿＿＿＿＿＿＿＿＿＿＿＿＿＿＿＿＿＿＿＿

購買書名：台灣好野菜：二十四節氣田邊食

・誘使您購買此書的原因?

☐ 於＿＿＿＿＿ 書店尋找新知時　☐ 看＿＿＿＿＿ 報時瞄到　☐ 受海報或文案吸引

☐ 翻閱＿＿＿＿＿ 雜誌時　☐ 親朋好友拍胸脯保證　☐＿＿＿＿＿ 電台DJ熱情推薦

☐電子報的新書資訊看起來很有趣　☐對晨星自然FB的分享有興趣　☐瀏覽晨星網站時看到的

☐ 其他編輯萬萬想不到的過程：＿＿＿＿＿＿＿＿＿＿＿＿＿＿＿＿＿＿

・本書中最吸引您的是哪一篇文章或哪一段話呢?＿＿＿＿＿＿＿＿＿＿＿＿＿＿＿

・對於本書的評分?（請填代號：1.很滿意　2.ok啦！　3.尚可　4.需改進）

☐ 封面設計＿＿＿＿＿　☐尺寸規格＿＿＿＿＿　☐版面編排＿＿＿＿＿　☐字體大小＿

☐內容＿＿＿＿＿　☐文／譯筆＿＿＿＿＿　☐其他＿＿＿＿＿

・下列出版品中，哪個題材最能引起您的興趣呢?

台灣自然圖鑑：☐植物 ☐哺乳類 ☐魚類 ☐鳥類 ☐蝴蝶 ☐昆蟲 ☐爬蟲類 ☐其他＿＿＿＿

飼養＆觀察：☐植物 ☐哺乳類 ☐魚類 ☐鳥類 ☐蝴蝶 ☐昆蟲 ☐爬蟲類 ☐其他＿＿＿＿

台灣地圖：☐自然 ☐昆蟲 ☐兩棲動物 ☐地形 ☐人文 ☐其他＿＿＿＿

自然公園：☐自然文學 ☐環境關懷 ☐環境議題 ☐自然觀點 ☐人物傳記 ☐其他＿＿＿＿

生態館：☐植物生態 ☐動物生態 ☐生態攝影 ☐地形景觀 ☐其他＿＿＿＿

台灣原住民文學：☐史地 ☐傳記 ☐宗教祭典 ☐文化 ☐傳說 ☐音樂 ☐其他＿＿＿＿

自然生活家：☐自然風DIY手作 ☐登山 ☐園藝 ☐觀星 ☐其他＿＿＿＿

・除上述系列外，您還希望編輯們規畫哪些和自然人文題材有關的書籍呢?＿＿＿＿＿＿

・您最常到哪個通路購買書籍呢? ☐博客來 ☐誠品書店 ☐金石堂 ☐其他

很高興您選擇了晨星出版社，陪伴您一同享受閱讀及學習的樂趣。只要您將此回函郵寄回本社，我們將不定期提供最新的出版及優惠訊息給您，謝謝！

若行有餘力，也請不吝賜教，好讓我們可以出版更多更好的書！

・其他意見：＿＿＿＿＿＿＿＿＿＿＿＿＿＿＿＿＿＿＿＿＿＿＿＿＿＿

晨星出版有限公司 編輯群，感謝您！

請填妥對折裝訂，直接投郵即可，免貼郵票

廣告回函
台灣中區郵政管理局
登記證第267號
免貼郵票

407
台中市工業區30路1號

晨星出版有限公司

請沿虛線摺下裝訂，謝謝！

晨星回函有禮，好書寄就送！

只要詳填《台灣好野菜：二十四節氣田邊食》回函卡，附40元郵票（工本費）寄回晨星出版，自然好書《蔬果觀察記》馬上送！

（原價280元）

晨星自然

天文、動物、植物、登山、生態攝影、自然風DIY……各種最新最夯的自然大小事，盡在「晨星自然」臉書，快點加入吧！

晨星出版有限公司 編輯群，感謝您！